国家自然科学基金青年基金项目(51508524)
河南省科技攻关项目(112102310633)
河南省政府决策研究招标课题(2011B790)
郑州航空工业管理学院土木工程重点学科建设

水资源工程社会责任研究

刘洪波　著

U0286495

黄河水利出版社

·郑　州·

内 容 提 要

本书共分 6 章,主要内容有绪论、水资源工程社会责任评价理论研究、水资源工程社会责任评价体系框架、水资源工程社会责任评价指标、水资源工程社会责任评价方法与模型、结论与展望。

本书可供从事水文水资源等相关专业的科技和管理人员、高等院校相关专业的师生阅读参考。

图书在版编目(CIP)数据

水资源工程社会责任研究/刘洪波著. —郑州:黄河水利出版社,2015.12
ISBN 978 - 7 - 5509 - 1319 - 6

Ⅰ. ①水… Ⅱ. ①刘… Ⅲ. ①水资源 - 水利工程 - 社会责任 - 研究 Ⅳ. ①TV213.4

中国版本图书馆 CIP 数据核字(2015)第 304207 号

出 版 社:黄河水利出版社
　　　地址:河南省郑州市顺河路黄委会综合楼 14 层　　　邮政编码:450003
发行单位:黄河水利出版社
　　　发行部电话:0371 - 66026940、66020550、66028024、66022620(传真)
　　　E-mail:hhslcbs@ 126. com
承印单位:河南承创印务有限公司
开本:787 mm × 1 092 mm　1/16
印张:8.25
字数:150 千字　　　　　　　　印数:1—1 000
版次:2015 年 12 月第 1 版　　　印次:2015 年 12 月第 1 次印刷
定价:25.00 元

前　言

　　水资源工程是我国重要的基础设施,对于国民经济和社会发展具有重要的作用。水资源工程的建成,改善了已经相对失衡的水资源现状,为人民提供了稳定、安全、优质和足量的水资源,满足了国家发展和人民生活的需求,体现了建设和谐社会、实现可持续发展的要求。但是,水资源工程有利有弊,既能带来生态环境和社会的双重效益,也能带来生态环境和社会的双重危机。关于水资源工程建设的得与失在社会上引起了广泛的争议。一方面,人们希望通过水资源工程建设,解决人与水之间的矛盾,实现人水和谐的理想状态;另一方面,人们又将水资源工程建设产生的负面影响直接归于无节制的工程活动和工程界生态文明观念的缺失,归于工程师和工程企业。对水资源工程产生的消极后果的讨论以及由此产生的责任问题就自然成为人们关注的焦点。为了更好地解决水资源工程争议,促进人水和谐,实现水资源工程和谐的状态,从而构建和谐社会,工程界、社会、政府等水资源工程共同体应该自觉地运用哲学思维,从工程哲学的高度对水资源工程进行研究。在目前社会责任淡化的时候,提出社会责任的问题极具价值,特别是水资源工程,忽视其社会责任,轻则工程效益不能最佳发挥乃至工程失败,重则造成环境危害,危及社会稳定和发展,更严重者危及人民生命财产安全,所以此时讲社会责任,防患于未然,正当其时。

　　本书以水资源工程社会责任为研究对象,以科学发展观为基本指导思想,围绕水资源工程社会责任评价的基本理论、体制、模式、指标体系和评价方法展开具体的研究。本书依据企业社会责任和技术责任理论,引入水资源工程社会责任的概念、主体和内容,研究了水资源工程社会责任评价的体系构成,包括评价机制、评价内容和评价模式,分析了水资源工程社会责任评价主体的构成及评价办法,建立了水资源工程社会责任的评价指标体系。本书的创新点有以下几个方面:第一,明确了水资源工程社会责任的概念、内容和主体;第二,通过对水资源工程社会责任主体结构的分析,研究了水资源工程社会责任评价的主体构成,明确了各评价主体的关系,制定了相应的评价程序和办法;

第三,从工程哲学的角度,对水资源工程社会责任评价指标体系进行了分析和构建;第四,对水资源工程社会责任评价的数学模型进行了研究,结合水资源工程社会责任评价的特点,选用了改进的层次分析法与模糊综合评价法相结合的评价模型。

作 者
2015 年 10 月

目　录

第 1 章　绪　论

1.1　概念界定

1.1.1　水资源工程

　　在《大英百科全书》中,水资源(Water Resources)被定义为:全部自然界任何形态的水,包括气态水、液态水和固态水。1997 年联合国教科文组织(UNESCO)建议:水资源应指可以利用或有可能被利用的水源,这个水源应具有足够的数量和可用的质量,并能在某一地点满足某种用途而可被利用。《中国大百科全书》是国内最具权威性的工具书之一,但在不同卷册对水资源给予不同解释。在大气科学卷、海洋科学卷和水文科学卷中,水资源被定义为:地球表层可供人类利用的水,包括水量(质)、水域和水能资源,一般指每年可更新的水量资源;在水利卷中,水资源被定义为:自然界各种形态的天然水,并将可供人类利用的水资源。《中华人民共和国水法》指出:所称水资源,包括地表水和地下水。水资源包含水量与水质两个方面,是人类生产生活及生命生存不可替代的自然资源和环境资源,是在一定的经济技术条件下能够为社会直接利用或待利用,参与自然界水分循环,影响国民经济的淡水。人类对水资源的开发、利用和保护大都通过水资源工程的运行来实现。水资源工程是指人类为了特定的水资源利用和保护目的而建造的人工物,通过对这些人工物的建造和运营实现对水资源时空分布的调节、控制,达到除害兴利的目的。

　　水资源对于人类社会固然至关重要,但它具有两重性,既可兴利,又可为害。发生水害的主要原因是水资源的自然属性和人类社会对水的需求之间的矛盾。人类社会对水的需求在空间、时间以及数量、质量等方面有特定的要求,而地球上的水在空间上的分布极不均匀,各地的水情又随时间发生很大的变化,而且随着经济的发展,人类对水体的污染日益严重,使许多地区的水质不适于应用,因此自然界的水在空间、时间、数量和质量上常常与人类社会的需求存在着很大的供需矛盾。解决这一矛盾,以满足人类社会在特定地区和时间对一定水质和水量的需求,这就是水资源工程的任务。

可以利用一个数学矩阵来描述水资源利用开发的过程。设自然界天然存在的具有一定特性的水资源用 S 矩阵描述:

$$S = \begin{bmatrix} L \\ T \\ Q \end{bmatrix} \quad (1\text{-}1)$$

式中:L 为用以描述水资源存在的特定范围的三维空间位置向量;T 为由水资源在时间上定量出现的概率分布的一些统计参数组成的时间向量,如周期性径流的均值、标准差、变差系数、偏态系数和系列相关系数等;Q 为包括许多与水质有关元素的水质向量,如水中溶解氧、生物矿物质、重金属含量、热量等。

通过对初始(或称自然)状态的水资源的开发利用,将初始(或称自然)状态矩阵 S 转换成另一符合人类目标的期望(或称目标)状态矩阵 S^*,该矩阵的元素向量 L^*、T^* 和 Q^* 分别为向量 L、T 和 Q 的期望值(或称目标值),即

$$S^* = \begin{bmatrix} L^* \\ T^* \\ Q^* \end{bmatrix} \quad (1\text{-}2)$$

两者的转换关系可以表述为:$S^* = \theta S$。一个水资源工程可以用转换矩阵 θ 表示,水资源工程应能合理而有效地开发、利用和控制水资源,以达到人们所期望的目标。

1.1.2　水利、水利工程、水工程与水资源工程

在我国,大规模开展除害兴利的治水活动已有 4 000 多年之久。中国著名的历史学家司马迁在《史记·河渠书》中感慨万分地说:"甚哉!水之为利害也。"强调指出水利在社会经济发展中的重要地位,第一次提出了以防洪、灌溉、排水、航运、城镇供水为主要内容的水利概念。相对于水资源工程、水利工程、水工程而言,水利是一种产业,是国民经济中的重要部门。我国水利的内涵极其丰富,但在欧美等国家和地区中,没有与"水利"一词恰当对应的词语,一般使用 Hydraulic Engineering,或用 Water Conservancy。随着时间的发展,西方的"水资源"也越来越具有"水利"的意义。

水利工程(Water Project;Hydroproject)是人们利用和改造自然的能力和人类文明发展水平的重要标志。1933 年,中国水利工程学会在第三届年会上提出:水利工程包括防洪、排水、灌溉、水力、水道、给水、污渠、港口八种工程在内。《中国大百科全书》中指出:水利工程是为消除水害和开发利用水资源而

修建的工程,按其服务对象分为防洪工程、农田水利工程、水力发电工程、航道和港口工程、供水和排水工程、环境水利工程、海涂围垦工程等。《水利工程建设安全生产管理规定》指出:水利工程,是指防洪、除涝、灌溉、水力发电、供水、围垦等(包括配套与附属工程)各类水利工程。《水利工程建设监理规定》指出:水利工程是指防洪、排涝、灌溉、水力发电、引(供)水、滩涂治理、水土保持、水资源保护等各类工程(包括新建、扩建、改建、加固、修复、拆除等项目)及其配套和附属工程。

这里所定义的水资源工程和通常所谓的水利工程并不完全是一回事。后者是指土木工程中的一个专门的分支,而前者涉及水资源系统的综合开发利用及运行管理问题,显然,后者是前者的一部分,前者的含义较后者更为广泛、深刻。

水工程的概念在《中华人民共和国水法》中是指在江河、湖泊和地下水源上开发、利用、控制、调配和保护水资源的各类工程。从概念上讲,水资源工程与水工程是等价的。

基于以上分析,本书采用水资源工程这一概念代表水资源工程、水利工程、水工程,其原因有三:①与国际接轨,便于国际交流;②突出水的资源属性,强调水资源的有限和价值;③突出现代水利观念,与传统水利加以区别。

只有修建水资源工程,才能控制水流,防止洪涝灾害,并进行水量的调节和分配,以满足人民生活和生产对水资源的需要。水资源工程属于基础设施建设,一些大型水资源工程甚至关系着国家经济、社会安全,如三峡工程、南水北调工程。

1.1.3 水资源工程分类

(1)按照对社会发展的贡献,水资源工程可分为两大类:一类是着眼于保证社会经济发展的水旱灾害防治项目,包括防洪、治涝和防旱等工程;另一类是着眼于社会经济发展能力的水资源开发利用工程,如供水、航运、发电和生态环境治理等工程。

(2)按照功能和作用,水资源工程可分为两类:甲类为防洪除涝、农田灌排骨干工程,城市防洪、水土保持、水资源保护等以社会效益为主、公益性较强的项目;乙类为供水、水力发电、水库养殖、水上旅游及水利综合经营等以经济效益为主,兼有一定社会效益的项目。甲、乙类项目的确定,由项目审批单位在项目建议书批复中明确。

(3)按照工程承担的任务和收益状况,水资源工程一般分为纯公益性工程、准公益性工程和经营性工程。

①纯公益性工程。水资源工程的建设不以营利为目的,纯粹用于公益事业。这类工程包括承担防洪、排涝以及水土保持、水环境保护等社会公益性管理和服务功能,自身无法得到相应的经济回报,一般由国家投资兴建并管理。按照《水利产业政策》规定,公益性工程"建设资金主要从中央和地方预算内资金、水利建设基金及其他可用于水利建设的财政性资金中安排。要明确具体的政府机构或社会公益机构作为甲类项目的责任主体,对项目建设的全过程负责并承担风险"。

②准公益性工程。这类工程既承担一部分公益事业,又具有经营性功能。我国大部分水利枢纽工程均属于这类工程,如三峡工程既具有防止长江中下游洪灾等公益性功能,又具有供水发电等经营性功能。这类工程的管理机制大多采用"委托—代理"机制。国家成立专门的管理机构或委托一定机构负责工程的经营管理。

③经营性工程。这类工程主要指提供生活、生产的输水、供水功能以及水力发电功能等经营性工程。按照《水利产业政策》规定,经营性工程"建设资金主要通过非财政性的资金渠道筹集。乙类项目必须实行项目法人责任制和资本金制度,资本金率按国家有关规定执行"。经营性工程的筹资者具有使用、经营、管理和收益的权利。

1.2　研究背景

工程是一种社会化活动,通过大量的工程活动,人类可以实现不断地创造和积累财富的目的,体现在两个方面:一方面是促进经济结构调整,另一方面是改善区域社会结构,拥有繁荣的物质文明和丰富的精神文明。由此可见,工程化是现代社会的重要表征,人类社会是一个真实的工程社会[1]。人类对水利用的工程措施大约可以追溯到5 000年前,当时地球上已出现了原始的引水工程和水库,水资源的利用促进了人类文明的进步,人类文明又促使了水资源工程走上现代工程的道路。笛卡儿提出"我思故我在"、李伯聪提出"我造物故我在"等思想,这些思想概括了工程在人类进化和文明发展过程中的作用和地位[2]。但是,应该清楚地看到,水资源工程活动的一些负面影响也层出不穷,如苏联咸海流域调水工程引起的咸海危机,被世界自然基金会描述为世界上最大的人为灾难之一,它的治理被世界银行称为"可能比银行有史以来承担的任何任务都要难对付"。对水资源工程建设的是与非,世人也已有长久的争议。

在国际上,世界第三次水资源论坛部长级会议宣言指出:"认识到水电作为可再生清洁能源的地位,应在考虑环境可持续发展和社会平等的条件下开发其潜能。"2004 年联合国水电与可持续发展国际研讨会《北京宣言》提出:"水电开发在社会、经济、环境方面必须具有可持续性,要促进环境友好的、对社会负责的和经济可行的水电发展。"但是,水坝工程并未因为其给人类带来巨大益处而免受指责。20 世纪初,美国赫奇峡谷水库计划引发了长达七年声势浩大的大辩论。世界水坝委员会在《水坝与发展》中指出:"水坝对人类发展贡献重大,效益显著。然而,在许多情况下,为确保从水坝获取这些利益而付出了不可接受和不必要的代价,特别是社会和环境方面的代价。"[3]美国的麦卡利在《大坝经济学》一书中抨击:"大坝时代已经过去,要抵制、限制建新坝,拆除已有大坝,让河流恢复原样。"[4]在国内,围绕三峡工程、怒江十三级水电开发工程、南水北调工程、太湖治理工程、滇池治理工程等众多水资源工程的建设实施也引发了许多社会争论。在已实施或正在实施的水资源工程中,部分水资源工程造成了较为严重的问题,其焦点集中在水资源工程的生态环境、移民、伦理、污染、安全等方面,这里既有认识层面的原因,也有水资源工程决策理论与方法方面的原因。

一个成功的水资源工程应包括以下要素[5]:达到预定的功能和目的;以尽可能少的投资完成水资源工程目标,提高整体经济效益;符合预定的时间要求;使水资源工程利益相关者各方面满意;与环境和社会相协调;水资源工程具有可持续发展能力。现代水资源工程更是具有"水资源工程的社会责任和历史责任"特点[6]:水资源工程建设应尽可能不污染自然环境,不破坏社会环境,注重与人文环境的协调,必须考虑社会各方面的利益,让公众更好地理解水资源工程,赢得各方面的支持和信任;社会管理的人性化、法制化,也给工程建设提出许多新的要求。由于主观和客观的原因,任何水资源工程的目的和结果之间都会产生或多或少的工程异化现象。由于水资源工程是人类改造自然进而改造自身的社会实践活动,因此水资源工程社会责任问题成为现今社会中人们关注的焦点。

目前,在水资源工程建设中,存在着两种倾向:一种是工程社会责任意识淡化,将水资源工程当作个别人、特定集团实现其特定利益的工具,为了自身的利益而置国家、公众的利益于不顾;另一种则是认为水资源工程社会责任仅仅是涉水企业的责任,水资源工程的负面效应是涉水企业的自身责任。这两种倾向都没有能够全面地反映水资源工程社会责任的内涵,解决水资源工程社会责任问题。因此,需要对水资源工程社会责任的理论与方法展开研究,建立一套水资源工程社会责任的评价指标体系,以作为水资源工程建设的行动指南和准则。对于涉水企业来说,水资源工程社会责任评价对于引导和规范涉水企业的工程行为,积极推动涉水企业树立以人为本、人水和谐、奉献社会的经营宗旨,将追求经济效益与履行社会责任有机统一起来,提高并维持企业可持续的竞争力至关重要;对于公众或国家来说,也必须有一具体标准或衡量指标来进行水资源工程社会责任的优劣判别,从而做出各项决策,涉水企业也可通过指标的衡量对自身在社会责任方面的不足进行改进;对于社团组织来说,能够增强参与意识,主动和积极地参与水资源工程建设,理性地分析和看待水资源工程的巨大效益和一定负面效果;对于工程师来说,可以增强其社会责任感,在水资源工程建设中,严格要求,精益求精,建造一个个"负责任的水资源工程";正确认识水资源工程、社会和生态的辩证关系,形成正确的、可持续发展的水资源工程观,主动承担起创造人类美好未来的责任和义务。

1.3　选题意义

1.3.1　理论意义

本书在现有的社会责任理论和工程哲学理论的基础上,提出工程社会责任问题,特别是水资源工程社会责任的问题,开辟了水资源工程研究的新领域,丰富了水资源工程研究的理论与实践,发展了社会责任理论与工程哲学理论的研究,完善了水资源工程评价体系。同时,运用工程哲学的方法研究水资源工程社会责任评价问题,充分考虑了工程活动中人的因素的重要性,对水资源工程的评价不仅仅限于物的方面,而是提高到一个新的层面——哲学层面,将水资源工程的物性与人性紧密地结合起来。

1.3.2　实践意义

(1)宏观层面。水资源工程社会责任评价的研究能够成为国家制定水资源工程建设相关政策的理论依据,围绕水资源工程项目的决策、建设实施和运营维护三大阶段,将水资源工程的社会责任落实到国家法律、经济和社会发展纲要中,实现水资源工程的和谐发展,促进人水和谐发展战略的实现。

(2)中观与微观层面。水资源工程社会责任研究有利于提高水资源工程共同体的社会责任感。对于政府,有利于实现水资源工程活动决策的科学性和民主性;对于企业,有利于改善对自身责任的认识,树立正确的工程观,提高工程伦理道德标准,主动承担自己的社会责任;对于公众,有利于统一对水资源开发与利用的认识;对于工程师,有利于形成辩证的水资源工程观,从而对具体的水资源工程活动形成正确的指导思想。

（3）工程层面。在当前对水资源工程社会责任的内涵、认识等方面还不够完善和重视的情况下,有关水资源工程社会责任问题的研究具有较为重要的价值。忽视水资源工程的社会责任,轻则水资源工程效益不能最佳发挥乃至工程失败,重则造成环境危害,危及社会稳定和发展,更严重者危及人民生命财产安全,所以此时讲社会责任,防患于未然,正当其时。

1.4 文献综述

1.4.1 社会责任综述

目前,对于社会责任并没有形成统一的定义,有的将社会责任仅限定于企业,即企业社会责任(CSR);有的将社会责任扩大到包含企业在内的所有组织,即社会责任(SR),指一定的社会历史条件下社会成员对社会发展及其他成员的生存与发展应负的责任[7]。19 世纪 20 年代,英国学者欧利文·谢尔顿在其著作《管理哲学》中最早提出企业社会责任的概念;技术责任也是技术哲学研究领域的一个重要问题。下面简要分析一下企业社会责任和技术责任。

1.4.1.1 企业社会责任

（1）企业社会责任的产生。亚当·斯密认为,无数自私自利的"经济人"在市场这只无形的手的指挥下,从事着对整个社会有益的经济活动。他在确认人的利己主义本性和趋利避害的行为动机后,指出每个人越是追求自己的利益,就越会促进社会利益的实现。"一个商人在追求他自身利益的时候,通常会比他努力去促进整个社会利益的时候更能有效地促进整个社会的利益。"[8]然而,随着经济社会的不断发展,企业以利润最大化为目标的理念日渐显现出弊端。第一,公司的规模不断扩大,其社会影响力日渐强大。人们期待公司在利用社会资源的同时能够以某种方式更多地回报社会,这种回报的方式无疑包括承担社会责任。第二,由于资本家盲目追逐私利,公司对社会的负面影响也日益严重,给社会造成了威胁或者侵害,例如浪费资源、污染破坏环境、制造假冒伪劣产品、漠视员工利益、进行不正当竞争破坏社会秩序等。

在这种情况下,对公司承担社会责任的呼声,带着一定的谴责和强制意味。第三,随着公司理论的日益成熟,董事中心论、经理革命、利益相关者论等理论的提出,在此理论背景下,一味地追求利润最大化的理念无疑丧失了扎实的根基[9]。因此,企业作为一种社会主体,拥有自由意志,自由决策其生存、发展策略,社会也对其充满期望,在不确定因素逐渐增大的今天,其强大的资本资源和组织资源足以表明企业应该承担社会责任。佐治亚大学管理学教授阿尔齐·卡罗尔(Carroll, A. B.)等认为:"企业社会责任是社会在一定时期对企业提出的经济、法律、道德和慈善期望。"[10]袁家方在《企业社会责任》一书中指出企业社会责任是"企业在争取自身的生存与发展的同时,面对社会需要和各种社会问题,为维护国家、社会和人类的根本利益,必须承担的义务"[11]。

(2)企业社会责任的发展。Preston 与 Post(1975)[12]提出企业社会响应(Corporate Social Responsiveness)概念。Frederick(1978)[13]指出企业社会响应是"企业对社会压力做出反应的能力"。Ackerman(1975)[14]指出企业社会响应是企业在实现增加利润目的的同时,必须表现出来的"责任"行为,以满足社会对企业的期望。Sethi(1979)[15]宣称,响应是更切实的、更可完成的目标,企业社会响应的观念表明企业必须对社会压力做出反应。一般情况下,企业通过构建公共事务、问题管理和社区关系机制的方式来实现这个响应。

Buchholz(1977)[16]建议用公共责任(Public Responsibility)来代替社会责任以强调特定环境中组织管理的功能。指出多数企业社会责任所关注的是企业经营行为对社会所造成的影响,而与企业管理的内部活动或外部环境缺乏联系,主张企业实施公共责任管理应考虑自身基本经济活动及其所造成的内外影响,公共政策的制定涉及政府要求、法律规定、公众观点等因素,不能仅凭个人道德或少数利益群体观点来对企业责任范围进行界定。

企业社会表现(Corporate Social Performance)是由企业社会责任衍生的综合概念。Carroll(1979)[17]提出包含企业社会责任、社会议题和社会有效回应三维度的 CSP 模型,该模型最大的贡献是将企业社会责任的观点系统化,并将企业社会责任、社会有效回应和社会议题三个维度进行整合,构建起整体性的理论框架。

(3)相关背景理论发展。交易费用理论来源于制度经济学,按照制度经济学理论[18],企业在各种经济活动中并不只与消费者发生交易,与其员工、投资者、环境等其他对象在某种意义上说也同时进行着利益的交换。这些利益的交易行为受到各种显性的或者隐性的契约所制约,与企业产生的交易费用间的关系都是呈负相关的。企业可以通过负担一定的社会责任来降低与利益相关者之间的交易费用。企业发展应同时考虑企业与其他利益相关者之间、企业与投资者之间、企业的生产成本。只要这三种成本之和低于其他企业同类成本之和，那么企业便具有了发展的可能。

圈层理论包括美国经济发展委员会提出的"三个同心责任圈"和卡罗尔的"三领域模型"[19]。同心圈包括最里圈（履行经济职能的基本责任）、中间圈（对社会价值观和优先权的变化要采取一个积极态度的责任）和最外圈（新出现的还不明确的责任）。三领域模型是从金字塔模型演变过来的（见图1-1）。三领域指的是经济领域、法律领域和道德领域。经济领域指的是那些能够对企业产生直接或间接正面经济影响的事务。法律领域指的是工商企业对体现社会统治阶层意愿的法律法规的响应。法律领域可以划分为避免民事诉讼、顺从和法律预期三个部分。道德领域指的是"社会大众和企业利益相关者所期望的企业道德责任"，道德领域涉及惯例型、后果型和存在型三种普遍存在的社会道德标准。

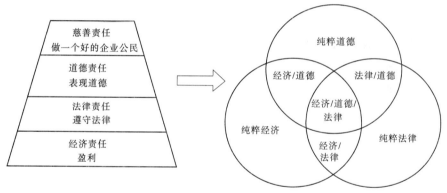

图1-1　从金字塔模型到三领域模型

利益相关者理论是指关注商业实体与那些影响企业决策或被企业决策影响的机构或组织[20]。Freeman[21]认为企业社会责任是一种利益相关者管理，社会处在持续变化之中，企业要想取得成功，就必须能理解和处理好与企业外部利益群体之间的关系。他把这些企业外部利益群体定义为利益相关者，也就是所有能够影响组织或被组织的目标成就影响的社会群体或个人。

Waddock（2002）[22]提出企业公民理论，并对代表性企业公民进行了划分，他认为企业公民有三种表现形式：一是企业公民与企业慈善活动、社会投资或对当地社区承担的某些责任相近（有限责任）；二是要求承担社会责任的企业应努力创造利润、遵守法律、做有道德的合格企业公民；三是企业对社区、合作者、环境都要履行一定的义务和责任,责任范围甚至可以延伸至全球(延伸责任)。

随着可持续发展概念的提出,企业可持续发展理论得以发展。Steg 等(2003)[23]认为企业的可持续性表现包括以下三个方面:经济表现(体现企业市场价值的盈利能力和增长,具体表现为企业的经济市场价值和经济表现动力);社会表现(体现企业对利益相关者的影响与关系,具体表现为员工、客户、社区、供应商和竞争者等利益群体对企业的满意程度);环境表现(体现企业对全球化环境的影响,具体表现为稀缺资源的循环利用、废气和废物的减量排放、强化对生态系统影响的承诺、减少对自然环境的负面影响四个方面)。Amalric (2004)[24]认为,企业可持续发展取决于四个决定性的资本,即社会资本、人力资本、政治资本和自然资本。而企业社会责任活动能够促使企业实现这四个方面资本的积累,使企业具备可持续性的竞争优势。

1.4.1.2　技术责任

(1)技术责任的产生。技术的发展历史大致可以划分为四个主要时期,即原始技术时代、古代工匠技术时代、近代工业技术时代以及现代技术时代[25]。"技术不仅是满足掌握技术的人自身的需要,也不仅被用来满足剥削者的需要,而且成为最大限度地获取剩余价值的手段。"[26]但是,工业技术也产生了很多负面影响,如资源浪费、环境污染、社会道德的日益败坏等,技术的消极后果逐渐显现出来。由于主观和客观的原因,任何技术的目的和结果之间都会产生或多或少的技术异化现象,技术责任问题成为技术社会中人们关注的焦点。

(2)技术责任的主体。在国外,Gerald Feinberg 和 Raphael Sassower 提出了科技共同体的概念[27,28],他们认为,与科学共同体一样,技术专家同样有自己的共同体,比如 IEEE、ASME、CCPE 等这些技术共同体的建立,一方面是基于建立职业化标准的需要,为了提高工程师的执业水准,他们的技术行为需要得到严格的规范;另一方面,也反映了技术共同体区别于其他共同体的内部标准和外部标志。

德国的技术哲学家汉斯·约纳斯首先把"技术"和"责任"明确联系起来,并将其引入到技术哲学领域当中进行讨论,他在《责任命令:探索技术时代的技术伦理学》中集中讨论了技术责任问题,在讨论科学家的责任问题上,他主张为自然科学的发展建立一种自我审查的机制来解决科学家的责任问题[29]。

德国技术哲学家林克·汉斯认为应该将技术责任进行分类:个体责任、集体决策者责任、整个国家的哲者以及人类整体的责任等,他说,"个体的责任和集团的责任并不具有相同的含义,它们不能简单地互相还原。尽管在社会现实中,这些责任可能有些交叉的部分,但是一种类型的责任是不能取代另一种的。单独的个体技术责任不能够用来解释现实存在的问题,应该扩大技术责任的范畴,也就是将个体责任扩大到集体责任。"在此基础上,他对技术责任的层次进行了划分,给出了有关技术责任体系的优先原则和相应的解决方法:"尽可能多的法律、法令和禁令,以及尽可能多去激发个人的责任"[30]。

普鲁特指出:"工程师是掌握物质进步的牧师,工程师的工作使其他人可以享受自然力量的源泉的成果,工程师拥有用头脑控制物质的力量,工程师是新纪元的牧师,却又不迷信。工程师,而不是他人,将指引人类前进。一项从未召唤人类去面对的责任落在工程师的肩上。"[31]

从国内看,张黎夫和邹成效二人在《科学家对技术的伦理责任三则案例的启示》文章中指出了科学家的技术责任问题,文章从七个方面全面论述了影响科学家有效地履行技术伦理责任的原因。曹南燕在《科学家和工程师的伦理责任》一文中讨论了现代社会中责任的含义,并分析了科学的价值问题、科学家的伦理责任以及工程师的责任等问题。赵培杰在《科技发展的伦理约束和科学家的道德责任》一文中认为科学家应该负担起更大的伦理责任。覃永毅、韦日平在《可持续发展的技术责任主体探析》一文中指出工程师、科学家、企业、国家以及技术的消费者这五个处于不同社会层次中的活动主体是技术责任的伦理主体。杜宝贵在《论技术责任主体》一文中指出技术责任主体应该是一个由工程师、科学家以及企业、国家等构成的技术责任主体群。罗天强、李晓乐在《论消费者的技术责任》一文中指出消费者是技术的重要主体,因而也是技术的责任主体,消费者应通过负责任的消费为技术承担生态责任、社会伦理责任和促进技术健康发展的责任。衡孝庆在《技术社会的交往结构及其角色》一文中指出技术社会可以划分为技术研发共同体、技术产业共同体和技术消费共同体三个层次,技术社会由技术领导、技术专家、专业技术人员、技术营销者、技术教育者等构成。

(3)技术伦理与责任伦理。在国外,技术哲学家斯塔迪梅尔指出:"人类社会不是一个装在文化上中性的人造物的包裹,那些设计、接收和维持技术的人的价值与世界观、聪明与愚蠢、倾向与既得利益必将体现在技术身上。"[32]

卡尔·米切姆指出:"技术专家们一直探索应用知识并把它付诸实践,他们一开始就不得不受制于外界的(常常是法律的)或内心的(通常是伦理的)规定。"

汉斯·约纳斯指出:"技术作为一个整体恰恰再也不能中立于伦理学之

外,其原因有三。首先,现代技术使人与自然的关系发生了重大改变,自然再也不能像过去那样面对人类的入侵不屑一顾,而恰恰是软弱无助。其次,现代技术把人变成自己的对象,使人有可能扮演造物主的角色,任意创造地球上的任何物种,至此,人类完成了他对自然的最终征服。最后,现代技术因为对人类、自然和未来的深远影响,已处于人类目标的中心地位,因而负有了伦理学意义,也因此,责任向不确定的未来敞开了它的地平线。责任伦理学是一种顺应技术时代的伦理学,它把责任推向伦理学舞台的中心,把人类存在作为伦理学的首要要求。"[33,34]

　　林克·汉斯阐述了技术责任的"归因"问题和"分有"问题,他对该问题在组织中的存在形式和非组织中的集体行为问题进行了详细的区分,研究了两种情况下存在的技术责任问题。他指出:技术的发展引起了专业化的劳动分工,而市场拥有竞争和合作的性质,因此就产生了不可预见的"正常的灾难",进而论述了市场经济的外在属性和技术责任的内在属性之间的矛盾是技术责任产生的因素之一。他认为道德的进步未能与技术的进步同步是技术时代产生的技术责任的原因之一,道德责任是最重要的责任,这些责任不会被减少,不能被分开或者被消解;当然它们也不能消失,无论有多少人参与进来,由此,无论是作为技术的直接参与者还是管理者,也无论参与者的数量多么庞大,作为个体,对技术责任都有责任[35]。

　　在国内,甘绍平在《科技伦理:一个有争议的课题》一文中强调了责任的内在性,责任问题应该仅仅和科学家或工程师联系在一起。刘大椿在《科技时代伦理问题的新向度》一文中认为科技伦理正在经历四大转变,即从近距离伦理转变为远距离伦理,从信念伦理转变为责任伦理,从自律伦理转变为结构伦理,从个人伦理转变为集团伦理或者集体伦理。王健在《现代技术伦理规约的特性》和《现代技术伦理规约的困境及其消解》中揭示技术伦理规约不仅仅是对技术主体、技术客体的规约,而是对技术主体与技术客体相统一的动态过程的伦理规约,是在技术—伦理开放框架内的协同与整合。方秋明在《论技术责任及其落实》一文中指出可以运用责任伦理有力地批判错误的技术观,从而增强技术主体的责任意识;可以把商谈伦理运用于具体的技术实践,协调各方利益冲突,争取达成共识,从而最终有效地落实技术责任。其他的论述如邱仁宗的《世纪生命伦理学展望》、方秋明的《技术发展与责任伦理》、金吾伦的《科学研究与科技伦理》、罗天强与邓华杰的《产品技术分析》和李德顺的《沉思科技伦理的挑战》等。

　　(4)技术社会学。拉普认为:"技术是复杂的现象,它既是自然力的利用,同时又是一种社会文化过程。由于技术过程要求平稳运行,因此人要无条件地适应它,在这种情况下,人的自发行为只能看成是一种对技术平稳运行的妨碍。为了实现最高度的技术完善,人必须使自己服从于他所创造的技术的要求。一般由工程师的上级制定出对技术项目的具体要求。在不同的社会制度下,上级有不同的含义,在私有制社会指的是资本家,在计划经济中指的是政府计划部门。但是不管何种制度,起最终决定作用的总是经济,而不是技术本身。"[36]美国社会科学之父罗伯特·默顿指出:"像其他建制一样,科学也有自身共享和传递的观念、价值和标准,它们是经过设计的,并用来指导那些科学建制里的人的行为,技术的建制是指物化技术在一定制度安排中的积累和构建。"

晏如松、张红在《技术的决定论和社会建构论》一文中指出技术决定论和技术的社会建构论的观点都是偏颇的,追求一种良性、互动的社会、技术运行机制是当代技术观论题中应有之义。刘同舫在《技术的社会制约性》一文中指出社会因素参与技术的建构,社会实践、社会需要、社会选择、社会利益关系、社会心理和社会环境等以独特的方式塑造人类的技术。王学忠、张宇润在《技术社会风险的法律控制》一文中指出引起技术社会风险的人类行为可以分为技术误用、技术滥用、利益博弈下的选择使用等三种形式。王建设在《技术社会角色的三个类别及权责体现》一文中指出技术社会角色可区分为技术人工社会角色、技术实体社会角色和技术工艺社会角色,不同的技术社会角色具有不同的社会地位、权利、责任和行为模式。盛国荣在《技术社会控制的对象问题初探》一文中指出技术社会控制的具体对象包括工程控制理论中的控制对象、人文主义传统中技术客体的设计活动、技术发展的方向与速度、技术的应用、技术应用的后果等。葛勇义在《现象学对技术的社会建构论的影响》一文中指出技术的社会建构理论至少在三个方面受到现象学的影响:技术的微观考察方法是"面向事情本身"的实践、行动者网络理论是"主体间性"理论的运用以及社会建构的实质是"意向性"基本作用的体现。衡孝庆在《技术社会的解释学分析》一文中指出对技术社会的解释学理解有三种方式:一是把技术社会理解为社会发展的技术统治阶段,这个时期技术成为统治和控制社会的力量;二是把技术社会理解为以技术为交往媒介和中心的交往共同体;三是把技术社会理解为以技术作为职业或工作核心的人员构成的社会。

1.4.2 社会责任评价综述

对水资源工程社会责任的评价涉及企业社会责任评价和水资源工程评

价,下面简要回顾一下企业社会责任和水资源工程评价的研究成果和现状。

1.4.2.1 企业社会责任评价研究

国内外关于社会责任的评价均与企业社会责任运动紧密联系。随着企业社会责任研究和实践的深入,国内外出现了一些衡量企业社会责任的标准和评价体系[37-39]。目前国际上比较有影响力的衡量企业社会责任和可持续发展的体系有道琼斯可持续发展指数(DJSI)、多米尼 400 社会指数(KLD)、全球报告倡议(GRI)、财富 50 + 评估指标、欧洲 FTSE4Good 指数、Ethibel 、AA1000、SA8000 和 ISO26000。DJSI[40]是由可持续发展方面领先的公司所构成的指数,关注企业发展对环保、社会和经济发展的三重影响,并在企业财务报告中加以衡量和表述。多米尼 400 社会指数(KLD)[41]于 1990 年发布,这是美国第一个符合社会和环境标准的股票指数,KLD 评估企业在环境、多元化、员工关系、人权、社区关系以及产品质量和安全 7 个维度的内容。GRI[42]成立于 1997 年,2002 年的 GRI《可持续发展报告指南》从经济、环境和社会业绩三个角度出发,组织安排"可持续发展报告",GRI 报告编制的基本框架包括以下几个部分:远景构想与战略、概况、管治架构和管理体系、GRI 内容索引、业绩指标(经济业绩指标、环境业绩指标、社会业绩指标)。财富50 +[43]评估指标包括公司治理、绩效管理、公司战略、保障、公开披露以及利益相关者管理等 6 个方面。欧洲 FTSE4Good[44]指数系列有 5 个方面的筛选标准:支持环保工作、与利益相关者发展正面关系、支持普遍接纳的人权准则、确保良好的供应链劳动标准和反对贿赂。就 5 个筛选标准的每方面,FTSE4Good 指数同时根据该标准的政策、管理和报告进行考核,一共有 15 项考核,每项考核指标分为核心指标和建议指标,其中建议指标可根据该地区的具体情况进行调整。Ethibel[45]设有各种必要的伦理投资准则,包括排除条款,也就是淘汰那些从事核能发电、军火、违反人权、基因改良生物的投资标的,还设有评选的标准,如数据/信息处理效率、公司治理及员工政策等。AA1000[46]旨在通过提高社会和道德会计、审计和报告的质量来支持机构向可持续发展迈进,可用于建立更专业的标准和加快责任标准的统一。2001 年,美国民间组织——社会责任国际(SAI)发表了全球第一个可用于第三方认证的社会责任国际标准的修订版——SA8000:2001[47],其内容包括童工、强迫性劳动、健康与安全、结社自由和集体谈判权、歧视、惩戒性措施、工作时间、工资报酬、管理系统等九项。ISO26000[48]社会责任标准是 ISO 自 2005 年开始起草的第一个国际社会责任标准,是一个社会责任指导性文件,不用于第三方认证,不是管理体系,适用于政府、企业和所有社会组织,标准包括社会责任 7 个方面的内容,即组织治理、人权、劳工权益保护、环境保护、公平经营、消费者权益保护以及参与社区发展,标准强调任何组织都应通过加强与利益相关方的沟通和交流,全面履行社会责任。

与发达国家相比,我国企业社会责任的评价开始比较晚。《中国公司责任报告编制大纲(草案)》(2006)指出,企业社会责任包括股东责任、社会责任和环境责任,公益事业和慈善捐助是公司社会责任的重要表现,但不是公司社会责任的主要内容。《中国企业社会责任调查评价体系与标准》(2006)对企业的股东权益责任、社会经济责任、员工权益责任、法律责任、诚信经营责任、公益责任、环境保护责任等指标进行了量化比较。从 2006 年开始,一些大型国有企业如中国石油天然气集团公司、中国远洋运输(集团)总公司、国家电网公司和中国银行等对外发布了自己的企业社会责任报告,在社会上引起了积极反映。国务院国有资产监督管理委员会于 2008 年发布了《关于中央企业履行社会责任的指导意见》,提出了履行社会责任的内涵、方式和方法等初步意见,指出中央企业必须坚持以人为本、科学发展,在追求经济效益的同时,对利益相关者和环境负责,实现企业发展与社会、环境的协调统一,但由于缺乏企业履行社会责任的内涵、方式和方法的标准化规范,缺乏企业社会责任核算、评定、监督的有效手段,使企业履行社会责任成为企业内敛修行、上墙自律的条文。

从学术研究的角度出发,国内众多学者从企业利益相关者角度和企业社会责任内容的角度结合行业特点建立了若干企业社会责任标准。基于企业利益相关者角度的有:陈迅、韩亚琴的 3 个层次:基本企业社会责任、中级企业社会责任、高级企业社会责任[49];金立印的 5 个维度:回馈社会、赞助教育文化等社会公益事业、保护消费者权益、保护自然环境、承担经济方面的责任,共 16 个指标[50];李正的 6 类问题:环境问题类、员工问题类、社区问题类、一般社会问题类、消费者类、其他利益相关者类[51];万莉、罗怡芬的 7 个维度:企业对消费者,员工,所在社区,资源、环境与社会可持续发展,债权人,社会慈善事业和其他公益事业,政府[52];王浩分析了企业的 5 类利益相关者:消费者、员工、股东、合作者与竞争者,提出了 4 种企业社会责任:经济责任、法律责任、道德责任和自愿责任,构建了网状评价指标体系[53];马英华针对企业对员工、消费者、环境生态、政府等方面的社会责任进行了评价,并设计了评价指标[54];彭净建立了对投资者的责任、对员工的责任、对消费者的责任、对环境的责任和对社会其他利益相关者的责任共 20 个指标的体系,并利用模糊数学方法进行评价[55];叶陈刚、曹波构建了员工、消费者、投资者、政府、社区、环境、商业合作伙伴、竞争者 8 个方面共 62 个具体指标的体系[56]。基于内容的企业社会责任评价包括:金碚、李钢指出最能体现中国 CSR 的 3 个指标为生产性环保支出、劳工社会保障投入以及纳税额[57];徐尚昆、杨汝岱总结出中西方共有的 7 个维度:经济责任、法律责任、环境保护、顾客或客户导向、员工或以人为本、社会捐赠、慈善事业或公益事业[58];张霞、蔺玉构建了强制性企业社会责任(社会经济贡献的责任、遵守法律法规的责任和环境保护的责任)和自愿性社会责任(企业自身发展的责任、员工培训与安全的责任、利益相关者利益保障的责任、社区服务与贡献的责任、产品安全与消费者教育的责任、公益捐赠和公平竞争的责任)两大内容 18 个指标的体系[59];李雄飞从企业对社会经济的贡献、企业对社会环境的影响、企业对自然资源的开发与利用和企业对自然与生态环境的影响 4 个方面,设置了 3 种类型(基本、辅助和否决指标)29 个指标[60];李立清从劳工权益、人权保障、社会责任管理、商业道德和社会公益行为等五大要素出发,建立了 13 个子因素 38 个三级指标的中国企业社会责任评估指标体系[61]。

1.4.2.2　水资源工程评价研究

从内容上讲,传统的工程评价包括经济评价(财务评价和国民经济评价)、环境影响评价和社会评价。

(1)国外工程评价研究综述。从评价内容和方法上来看,工程项目评价在国外的研究迄今为止已经历了以下三个阶段的发展。

在第一阶段,主要是从工程项目直接产生的内部财务效益和费用角度进行项目评价,并不涉及项目外部的效应和间接的效应,工程评价仅仅进行内部的财务效果评价。

在第二阶段,就是从 20 世纪 50 年代开始,考虑工程项目外部效应和间接效应的国民经济评价在工程评价中开始应用[62-66]。传统的工程项目费用—效益分析与计量在工程项目评价中所占的地位逐渐重要起来。福利经济学中的完全竞争模式、社会效用理论、边际分析及帕累托最优准则,成为工程项目费用—消费分析的基石。20 世纪 50 年代初,经济学家致力于社会生产和社会分配效益评价的基础研究,如英国学者理查德·斯通和詹姆斯·米德通过研究国民经济核算问题,创建了复式国民会计账户。西蒙·库兹涅茨通过研究国民收入及其构成,分析国民经济的增长问题,依据最终产品的起源和收入构成社会的总产出和总收入,对国民经济核算进行研究,成为该领域研究的里程碑。1925 年,瓦西里·列昂惕夫首次提出了项目的投入产出分析方法,成为国民经济核算体系的重大突破。随后国民经济核算体系——物质产品平衡表体系和国民经济账户体系形成,进一步促进了工程项目评价费用—效益分析方法的完善。

在第三阶段,从20世纪60年代末开始,工程项目评价的内容和方法都发生了很大的拓展,从微观的单一工程财务评价发展为宏观的工程国民经济评价,进而综合为包括财务、国民经济、社会影响和环境影响等多种因素的综合评价理论和方法。

从内容上看,环境影响评价(EIA)的工作不断深入。1969年,美国在其国家环境政策法令(NEPA)中明确规定:政府投资项目和规划在可研阶段必须进行环境影响评价,制作环境影响报告书。联合国针对可持续发展问题颁布了一系列的文件,包括:1972年颁布的《人类环境宣言》,1981年颁布的《世界自然保护大纲》,联合国环境规划署1984年颁布的《发展中国家环境影响评价指南》,世界环境与发展委员会1987年颁布的《我们共同的未来》,1991年颁布的《保护地球—可持续生存战略》等文件。这些文件的颁布,都表明联合国确认环境影响评价是工程决策和评价的最宝贵和有效的工具。20世纪90年代以来,环境战略上的环境影响评价受到重视,出现了区域环境影响评价(RDEIA)、累积环境影响评价(CIA)和战略环境影响评价(SEA)。以上对工程项目环境影响评价的政策性规定,对工程项目环境影响评价理论与实践在全世界的发展起到了促进作用。但是,以上的环境评价依然是针对环境压力和污染的排放等,没有建立资源占用和能源生命周期消耗的内容。

社会评价的目的是评价工程项目的建设与运营对社会收入分配、就业和社会环境等方面可能产生的效益和影响[67-69]。社会评价最早开始于1775～1776年,当时的法国学者Marquis De Condorcet提出了一种项目分析方法,这种方法被视为项目社会影响评价的开端。Prendergast(1989)认为,社会调查和社会学研究的一个比较早的范例,是对运河项目开展的社会学研究,所采用的社会学研究方法——采集有关数据为项目决策提供可信的信息来源——已经广泛运用于现代工业社会中。1977年Finsterbusch和Wolf出版的《社会影响评价方法》一书是关于社会影响评价方面迄今最有影响力的出版物。1980年Porter出版的《技术评价和影响分析指南》,则是项目评价领域里的一个里程碑事件。1983年,Finsterbusch和Wolf出版的《社会评价方法》则在评价方法方面具有相当大的影响力。1985年,由OECD发行的《水利项目管理》提出了一种与以往社会评价不同的方法,书中研究了工程项目对经济、财政、环境和社会行为等多方面的综合影响,制定了一个适用于许多工程项目的通用报告制度模板。在最近20年来,美国、英国及世界银行等国家和组织还开展了一种由社会学家参加的社会评价,叫作社会分析(SA)。工程项目的评价由以工程项目为中心,逐渐开始转入以人为中心的方法上来[70-76]。工程项目社会评价在许多国家及国际机构中越来越受到重视[77-83]。世界银行最早进行了项目社会评价的研究,发布了一系列的工作指南:1980年颁布了一套关于社会保障(非自愿移民安置)的工作指南;1984年颁布了项目可行性研究指南,要求将社会性评估纳入世界银行贷款项目的可研评价之中,构成工程评价的四大部分(经济、技术、环境和机构);2002年颁布了社会分析范例手册,指出社会评价的五个主要方面,包括:社会的多样性和性别,利益相关者,机构、角色及其行为,社会参与,公共风险;1985年出版了《把人放在首位》一书,详细介绍了社会分析在农业、农村发展项目设计中的应用。从1991年开始,亚洲开发银行(ADB)也颁布了一系列的工作指南,把社会分析纳入其项目评价中:1991年颁布了发展项目社会分析指南,用来对项目产生的正面和负面社会效应进行分析;1994年颁布了一个亚洲开发银行业务工作指南,提出了社会分析的三个过程和阶段,即国家规划阶段、项目的快速评价阶段和详细的社会设计阶段;2001年颁布了一个关于贫困与社会影响分析指南,将项目引起的贫困与社会影响分析纳入亚洲开发银行的项目评价工作之中。英国国际发展部(1998)、加勒比海发展银行(1999)和泛美开发银行(2001)分别颁布了各自的社会分析指南。日本国际协力银行设立了社会发展部,其主要工作就是进行项目的社会评价(考虑性别、弱势群体和少数民族等)和开展社会发展项目。

从方法上讲,1968年经济合作与发展组织颁布的《发展中国家工业项目分析手册》和世界银行颁布的《项目经济分析》等工作指南,在项目的收入费用分析中纳入了财富分配和社会就业等社会发展因素,这就是所谓的现代费用效益分析或者称为社会费用效益分析。这种社会费用分析法分为两部分:第一部分是关于项目经济效果分析的经济评价,第二部分是关于社会公平分配的社会评价。经济评价的方法由于计算简单,在发展中国家得到广泛推广与应用,但是社会公平分配目标分析部分由于计算比较复杂,应用与推广不太理想,主要原因在于指标权重的合理分配与社会分配效果的影子价格体系。此后,工程项目评价方法有了新的突破,在概念上从复杂到简化,在计算上日趋规范化、表格化、程序化、简单化和强调方法的实用性。联合国工业与发展组织联合阿拉伯工业发展中心(1977)出版了《工业项目评价手册》,手册中除考虑项目带来的经济增长外,还采用了较为简便的方法建立了一套社会评价指标体系,该指标体系包括社会就业、财富分配和国际竞争力等。法国

(1978)颁布了《项目经济评价手册——影响方法》,该书指出工程项目对宏观经济的影响包括三个部分:一是项目的投入品对国民经济各个部门产生的影响;二是项目的产出品的增加值分配对国民经济各部门收入分配的影响;三是由于不同部门收入分配变化产生的社会消费变化所导致的社会需求新的变化[84-93]。

由于后评价开始的时间不同,各国及国际机构都有自己的后评价制度及模式。在美国,项目后评价最终被确定为政府决策部门的重要工具的标志是20世纪70年代美国管理和预算办公室颁布的名为“行政部门管理和改进后评价应用”的第一号文。1980年,美国会计总署建立了后评价研究所,美国会计总署作为国会的监督代理机构,除国家决算和审计功能外,大大强化了评价的功能。1990年,加拿大政府推出一份关于公共服务改革的题为“2000年的公共服务”白皮书,要求后评价在提供有关业绩监督信息上担任重要角色。目前,加拿大政府正在把后评价与工程项目实施过程中的评价结合起来。英国的项目后评价开始主要来自于两个推动力:第一个推动力来自于中央政府部门,是一项有关在政府机构中建立有效控制开支和对其进行排序的决策机制的决定;第二个推动力是从关于必须加强内阁政府管理和理性及集体决策的要求。在英国,从事后评价的相关费用和责任都由政府有关部门自己承担,后评价的结果由英国政府自行保存在政府部门内部而不是向社会公共领域开放。英国海外开发署的后评价工作开展得非常好,它是设在英国联邦办公室的一个政府部门,内部设立专门的后评价局,每年花费大约80万英镑对10～15个工程项目进行后评价,此外,还进行部门或地区的后评价,取得良好的效果。世界银行是工程项目后评价制度建立的比较完善的机构,经过了多年的实践,已形成相对稳固的工作程序,这个程序分为五个阶段,采用三种基本的后评价方法:过程评价法、成本—效益(效果、效应)评价、影响评价。

（2）我国水资源工程项目评价。目前,水利建设项目评价论证的主要依据是《水利建设项目经济评价规范》(SL 72—2013)以及社会评价、环境评价等方面的规范规程,评价论证的内容包括财务评价、国民经济评价、社会评价和环境评价四个方面,据此做出决策。

国家环保总局与国家发展和改革员会于2005年发出《关于加强水电建设环境保护工作的通知》,要求在水电开发规划、建设、运行和管理中严格执行环境影响评价制度,确保水能资源的可持续利用。最近环保部对于没有按照法律、法规的规定履行环评手续的水电开发项目采取了相应的措施。这些都表明国家在水电开发项目中对环境控制的决心。

从 1992 年开始进行水利建设项目社会评价研究到 1999 年出版发行《水利建设项目社会评价指南》,我国的水利建设项目社会评价研究取得了从无到有、从理论研究到实践推广的长足发展。《水利建设项目社会评价指南》一书针对水利建设项目的特点,详细介绍了水利建设项目社会评价的特点和原则、内容和方法、指标体系、移民安置等方面内容,从不同的侧重点选择了 6 个典型案例进行了方法示例,其中甘肃疏勒河灌溉工程和小浪底库区移民工程属于可行性研究阶段的社会评价,大通河水资源分配是规划方案比较阶段的社会评价,小水电及农村初步电气化建设是运营管理阶段的社会后评价,包浍河排水工程和三峡水利枢纽工程是建设过程中的社会评价。在有代表性的学术研究中,钟姗姗(2006)建立了 4 个方面 14 个评价指标的水利工程社会评价指标体系,利用人工神经网络模型确定指标的权重,采用模糊综合评判的数学模型结合江娅水利枢纽工程进行了实证分析[94];杜瑛(2007)从社会学范式的角度出发构建了大坝社会评价的体系,在对大坝利益相关者分析的基础上,构建了宏观(社会制度)、中观(社区)和微观(弱势群体)三个层次的社会学范式大坝社会评价体系,并以百色水利枢纽为案例进行了实证分析,填补国内大坝项目社会评价领域的一个研究空白[95];陈伟华(2006)提出了工程项目全过程社会评价的模式,分别建立了项目决策阶段、建设阶段和使用阶段的社会评价指标体系,结合天津市引滦水源保护项目,利用模糊综合评价模型进行了实证研究[96];许明丽、方天垄(2007)研究了水库进行社会评价的模糊综合评价与层次分析法和德尔菲法耦合的方法[97];龙腾飞、施国庆(2008)从社会经济调查、利益相关者识别、社会风险预测和公众参与等方面构建了城市生活污水处理项目社会评价的体系[98];许明丽、谷世艳(2007)在分析水利建设项目社会评价现有评价方法的基础上,在模糊综合评价方法中引入了神经网络[99]。

水利部 2002 年报送了《水利工程建设项目后评价编制规程》,并于 2004 年正式颁发《水利建设项目后评价理论与方法》,引用了后评价中逻辑框架法、前后对比法等一些原有的方法。在学术研究领域,张宝娟(2006)研究了水利工程项目后评价通货膨胀问题,提出了实际价格转化法、购买力价格法和实际价格法三种处理方法,结合烟台龙口市王屋灌区节水改造项目进行了实证分析[100];于陶(2007)研究了水利项目持续性后评价,从政策要素、社会效益、环境效益、管理水平、财务能力和工程寿命 6 个角度构建水利项目持续性后评价指标体系,采用模糊综合评价方法对海河入海水道工程的持续性后评价进行了实证分析[101];张君伟(2006)从社会、经济、环境和资源 4 个方面构建了水利水电工程移民安置效果后评价指标体系,结合小浪底水利枢纽库区第一期移民安置项目,采用模糊综合评价法进行了实证分析[102];詹敏利、陈驰(2009)研究了多变量综合评价法在水利工程后评价中的应用,结合长江流域水利工程移民后评价进行了实证分析[103];苏学灵、纪昌明(2009)将基于遗传算法的投影寻踪评价的数学模型引入水利工程后评价,通过 EOWA 算子将定性指标量化,实现多维评价样本指标表征向一维综合特征值的转变,解决了水利工程后评价中各单项指标评价结果不相容的问题[104];陈岩、郑垂勇(2007)研究了水利项目后评价的管理机制、运行机制和反馈机制,建立了包括领导机构、管理机构和执行机构组成的三级后评价管理体系,规定了后评价的经费来源和起止时间,设计了后评价反馈流程[105];陈岩、周晓平(2007)运用知识管理的方法研究了后评价成果的管理,采用"SCA"闭环在执行层面实施后评价的知识管理,设计了水利项目后评价成果的反馈流程和使用机制[106];杨春红(2008)指出构建法律保障、人才保障和评价成果反馈应用保障3 种机制,建设农业节水项目社会效果后评价的保障机制[107]。

1.4.3　现有研究成果述评

关于水资源工程社会责任的研究是水资源工程研究领域的一个新领域。水资源工程负面效应产生的根源有两个方面:一是水资源工程的客观性;二是水资源工程价值的负载性。水资源工程的社会责任就是要减弱水资源工程的负面效应。以往关于水资源工程的研究侧重于水资源工程的客观性,而对水资源工程的价值负载性缺乏研究。因此,水资源工程社会责任的概念、内容、性质及其评价是水资源工程研究中一个全新的问题。陆佑楣认为:"可为人利用的水资源在时空分布上是不均匀的,这是自然规律。人们就是根据这一自然规律对水资源采取了一系列有效的措施,其中最主要的是水利工程,人们因此可以得到稳定、安全、优质和足量的水,这也是水利工程的社会责任。"

从企业社会责任评价角度看,国内外对企业社会责任评价的研究已比较成熟,建立了较为系统和完整的企业社会责任评价指标体系和方法。企业是现代工程的主体,但是人们往往将水资源工程的一些负面影响归结为涉水企业的社会责任,而没有认识到水资源工程社会责任包括涉水企业、政府和社团组织的社会责任,没有将社会责任评价与水资源工程结合起来,在水资源工程社会责任的评价方法和指标体系上存在着研究空白,这为本书的研究提供了很大的空间。

从水资源工程评价的角度看,水资源工程评价包括评价内容、评价时段和评价方法三大部分。从内容和时段上看,现行的水资源工程评价主要包括经济评价、环境评价、社会评价以及后评价,这些评价之间存在着联系和区别,见表 1-1;从方法体系上看,工程评价方法分为三种:哲学方法、逻辑方法和专业方法,而现行水资源工程经济、社会、环境评价所采用的评价方法都是逻辑方法和专业方法。

表 1-1 水资源工程评价的比较

评价类别	评价时段	评价依据	评价内容	分析
水资源工程经济评价	可研阶段	《水利建设项目经济评价规范》(SL 72—2013)	注重项目的经济效益,设置财务指标,以定量评价为主	国民经济评价与社会评价重复
水资源工程环境评价	可研阶段	《关于加强水电建设环境保护工作的通知》	注重项目的生态效益,设置环境指标,以定量评价为主	对于生态价值的定量存在争议
水资源工程社会评价	可研阶段	《水利建设项目社会评价指南》	注重项目的社会效益,以定性评价为主	虽然关注工程的人文分析,但是指标设置中没有体现公众理解和参与工程的情况,评价方法也往往是专家打分
水资源工程后评价	运营阶段	《水利建设项目后评价理论与方法》	对项目建设和运营进行总结	评价具有滞后性

综上所述,现有水资源工程评价及其方法存在 4 个方面的问题:一是从理论与方法角度看,较少从认识世界、改造世界、探索实现主观世界与客观世界

一致性等角度解决问题,也较少运用概念、判断、推理、假说等逻辑形式对问题进行归纳、演绎和综合;二是从工程评价主体角度看,过分依赖专家、政府的作用,忽视相关利益群体的利益和诉求;三是从工程评价客体的角度看,将水资源工程视为一个纯技术经济的现象,强调工程建设中物的要素的评价,忽略了人的要素的评价,因此有必要从哲学层次对工程进行评价;四是指标计算过于复杂,专业性强,不利于公众的理解和参与。

1.5 主要研究内容

(1)水资源工程社会责任评价基本理论。运用工程哲学的基本观点对水资源工程进行了全新角度的分析,结合企业社会责任和技术责任的概念,提出水资源工程社会责任的概念,研究了水资源工程社会责任的基础理论,指出了水资源工程社会责任与企业社会责任、技术责任的异同。根据工程共同体理论,指出在水资源工程建设中,政府、社会中的任何一方都难以独立承担水资源工程社会责任,水资源工程社会责任是工程共同体的共同社会责任。

(2)水资源工程社会责任评价体系。提出了水资源工程社会责任评价体系的构成:评价机制、评价模式和评价内容。重点研究了水资源工程社会责任评价5个方面的内容。对水资源工程社会责任评价者的结构进行了分析,提出了水资源工程社会责任的评价管理办法。

(3)水资源工程社会责任评价指标体系的构建。通过对水资源工程及其社会责任的工程哲学分析,建立水资源工程社会责任的评价指标体系。该体系分为三级,其一级目标包括:工程的技术责任、工程的经济责任、工程的生态责任、工程的社区责任和工程的人文责任。根据水资源工程社会责任评价的特点,建立了定性和定量指标,并根据水资源工程的生命周期——决策阶段、建设实施阶段和运营维护阶段进行了指标的划分。

(4)基于改进模糊层次分析模型(IFAHP)的水资源工程社会责任评价模型构建。水资源工程社会责任评价指标既有定量指标,也有定性指标;同时,从评价主体来讲,水资源工程社会责任的评价坚持民主与科学的原则,是专家评定与公众参与相结合的评价。因此,运用比较成熟的综合评价法建立水资源工程社会责任的评价模型。在定量评价中,注意数据的真实性和可靠性,科学设定计算参数。在定性评价中,考虑水资源工程利益相关者的主观价值评价排序。

1.6　技术路线与研究方法

1.6.1　技术路线

第一,本书通过对水资源工程的哲学分析,提出水资源工程社会责任的概念,研究了其性质,以及水资源工程社会责任主体的结构。第二,提出了水资源工程社会责任评价体系——评价机制、评价模式和评价内容,重点研究了水资源工程社会责任评价的内容,分析了水资源工程社会责任评价者的构成,提出了相应的评价管理办法。第三,依据水资源工程社会责任评价的内容,利用工程哲学理论,建立水资源工程社会责任评价指标体系。第四,研究了水资源工程社会责任评价的方法与模型。其技术路线见图1-2。

1.6.2　研究方法

(1)工程哲学方法。利用工程哲学对水资源工程社会责任系统进行分析,把水资源工程社会责任作为一个系统,包含经济、技术、社会、生态和人文等五个子系统。利用工程共同体分析的方法分析了水资源工程社会责任的内容和分担问题。

(2)企业社会责任、技术责任理论。由于水资源工程社会责任研究处于起步阶段,在研究中需要借鉴企业社会责任、技术责任相关的理论、概念,并进行合乎逻辑的演绎推理,进而得出研究结果。

(3)全寿命周期研究方法。通过对水资源工程的决策、建设实施和运营维护全过程进行分析确定评价阶段,构建评价体系。

(4)规范研究和案例分析相结合。在研究中,通过规范分析说明水资源工程社会责任评价指标与方法,也通过案例分析,说明在实践中如何对水资源工程社会责任进行评价。

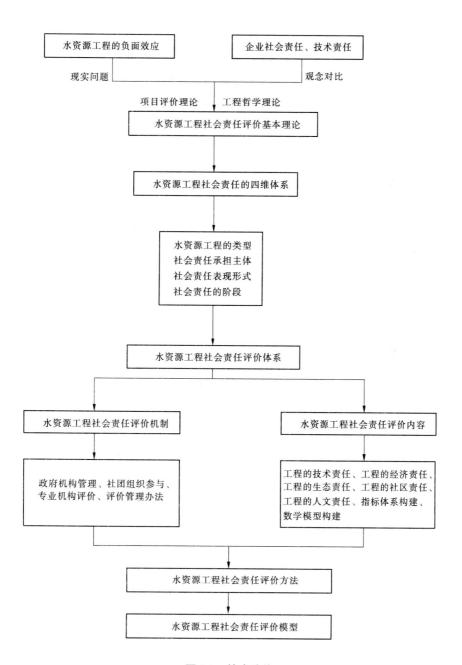

图1-2 技术路线

第 2 章　水资源工程社会责任评价理论研究

2.1　水资源工程系统理论

2.1.1　水资源工程系统观

哲学是世界观和方法论,工程哲学是以工程知识和工程活动为研究对象的哲学分支学科,是关于工程和工程活动的工程观和方法论。工程哲学是哲学家与工程师以及工程共同体其他成员对话并旨在寻求"和谐工程"以安身立命的哲学,它将人类的工程活动作为直接的研究对象,从哲学的高度探讨其本性、过程及后果,其灵魂是促进天、地、人的和谐[108-110]。

2.1.1.1　工程哲学的理论基础

(1)工程哲学的基础——科学、技术与工程"三元论"。"三元论"认为,科学、技术和工程是三类既有密切联系又有本质区别的活动。科学活动是以探索发现为核心的活动,技术活动是以发明革新为核心的活动,工程活动是以集成建构为核心的活动。工程既不是简单的某项科学发现或技术发明的实际应用,也不是若干技术群或科学群的简单加和,工程是围绕一个原来没有而即将创造出来的人工实在物为核心,若干科学要素、技术要素、经济要素、管理要素、社会要素、文化要素、制度要素、环境要素等多种要素的有机集成、选择和优化过程。

(2)工程哲学的理论——四个世界论。李伯聪从波普尔的三个世界论出发完善了四个世界论。在四个世界论中,世界 1 是"自在之物"(天然之物即非为人之物)的世界,它是一个自在的和非为人的世界;世界 2 是人的世界(包括人心和人身、个人和集体),人在活动中具有主动性的一面,但也具有被动性的一面;世界 3 是一个符号世界,即"他在之物"的世界,它是人的精神活动产物的世界,从而它是一个被人所"建构"的世界,但它也具有一定的"自主性";世界 4 是人的造物活动产物的世界,它是一个由半为人半自在即半属人半自在之物构成的世界。在四个世界之间存在着复杂的相互作用,包括三类:

世界 2 和其他的三个世界之间的相互作用;通过世界 2 而发生的其他三个世界之间的相互作用;可以不通过世界 2 而发生的其他世界之间的直接相互作用[111]。

2.1.1.2　工程哲学的工程观

工程哲学关于工程的基本观点就是工程观。近代以来,工程往往被视为人类征服自然、改造自然的活动,对工程活动可能产生的长期、多方面的生态效应和各种风险估计不足,缺乏工程对社会结构的影响以及社会对工程的促进和约束作用的系统研究,因而不能全面把握工程与自然、工程与社会之间的互动关系。这种征服自然的工程观已经对工程实践产生了严重的负面影响。新的工程观要求工程活动建立在遵循自然规律和社会规律的基础上,遵循社会道德、社会伦理以及社会公正、公平的准则,坚持以人为本,环境友好,促进人与自然、社会的协调发展。

(1)工程系统观。工程是一个包含了很多物的要素和人的要素在内的、主观和客观统一的动态系统。客观性表现在工程系统的整体性、复杂性、开放性,主观性表现在工程系统的目的性、人本性。整体性是指工程系统一般具有明确的结构和功能以及相对明晰的边界;复杂性指系统内部的结构和功能之间通过不同方式进行耦合,形成多重的互动网络结构;开放性是指工程系统与外部环境之间存在着频繁的物质、能量和信息的交换;目的性是指作为人造系统,工程系统一般具有明确的目的和功能;人本性是指工程活动中人的因素日渐凸显,人—机—环境关系是最基本的关系,工程决策者、管理者、建设者、运营者及各利益相关主体的态度和行为在工程活动中的作用越来越重要。

现代工程系统观就是工程系统与自然系统、社会系统的协调发展观。工程系统有很强的环境依存性或适应性,自然系统、社会系统等形成工程系统重要的环境超系统,工程系统与自然系统和社会系统的关联越来越强,相互依存度日益提高。按照科学发展观的要求,工程系统等任何系统的发展都必须考虑到经济社会的持续发展、协调发展和以人为本的发展,并为构建和谐社会做出贡献。工程与自然等环境的和谐友好直接关系到可持续发展,工程与社会的和谐直接关系到全体公民的福祉,工程系统与自然系统、社会系统的协调是现代工程系统化发展的必然要求,也是构建和谐社会的重要基石。现代工程系统观要求工程活动应该符合自然规律和社会规律,遵循资源节约、环境友好以及社会和谐的准则,保持人与自然、社会协调发展,节约资源能源,保护生态环境,促进社会进步,提高综合效益。

(2)工程社会观。工程不仅有自然维度和科学技术维度,也有社会维度。

工程活动联系着自然与社会,它同时具有社会性和自然性。工程的社会性首先表现为工程目标的社会性,目的性是工程的根本性,人们对工程的目标要求已从传统的质量、进度、成本三大目标上升到使工程利益相关者满意的层面。实践表明,只有那些符合社会发展需要、符合可持续发展理念、勇于承担社会责任的工程,才是具有生命活力的工程。其次工程的社会性集中体现在工程活动主体的社会性上。工程是由工程活动共同体共同完成的,投资者进行投资活动,管理者进行管理活动,工程师进行工程设计等技术活动,工人则进行具体的建造和操作活动,工程是社会建构的,离开了工程共同体成员之间的合作关系,工程活动无法继续下去。最后工程的社会性也体现在工程评价的社会性上。工程的自然性与社会性见图 2-1。

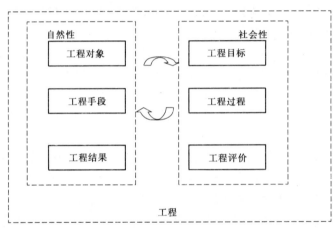

图 2-1　工程的自然性与社会性

社会是一个工程社会,工程具有强大的社会功能。工程是社会存在和发展的物质基础,是社会结构的调控变量(改善社会经济结构、改变人口空间分布、宏观调控的重要手段),是社会变迁的文化载体。同时,工程也对社会造成了负面影响,这种负面影响带有一定的必然性,是难以避免的,而这正是工程承担社会责任的根本所在,工程承担社会责任的根本目的是减轻这种负面效应,促进社会与工程的协调发展。现代工程产生广泛的社会影响,作为重要利益相关者,公众在工程中享有知情权、选择权和参与权。公众理解和参与工程,一方面有利于各方利益的均衡,建立有效的监督约束机制,减少工程腐败,另一方面可以为工程提供智力、信息支持,避免工程决策的失误。

(3)工程生态观。工程活动作为人与自然相互作用的中介,对自然、环境、生态都产生了直接的影响,特别是 20 世纪下半叶以来,生态环境问题已经日益突出,严重影响了人类的生存质量和可持续发展。人们意识到那种片面强调征服自然的传统的工程观有很多弊端。当人们欢呼战胜自然界的同时,自然界又反过来"报复"了人类。人们愈来愈深刻地认识到必须树立科学的工程生态观,把工程理解为生态循环系统之中的生态社会现象,要做到工程的社会经济功能、科技功能与自然、生态功能相互协调和相互促进。

工程生态观包括工程与生态环境相协调思想、工程与生态环境优化思想、工程与生态技术循环思想、工程与生态再造思想等四个方面[112-114]。工程与生态环境协调要求人类工程活动必须顺应和服从生态运动的规律,包括生态关联——每一种事物都与别的事物相关;生态智慧——自然界所懂得的是最好的;物质不灭——一切事物都必然要有其去向;生态代价——没有免费的午餐。工程与生态环境优化要求工程活动者肩负起环境改变的责任,这种责任包括对环境破坏的责任和环境重建及环境优化的责任,一方面将环境破坏控制在生态系统可以消化的自我调节限度内,另一方面利用生态规律主动调节生态系统自身的盲目性和破坏性。工程与生态技术循环要求工程活动是绿色循环技术的集成,是自然生态系统循环的一个环节,符合生态系统自我运行规律。工程与生态再造要求把工程活动的工程效应与生态效应和环境效应综合考虑,实现生态良性循环的工程再造。

(4)工程伦理观。工程伦理是研究工程活动中工程参与者的行为和价值的道德领域,回答在工程活动中"一个人应当怎样生活"或"一个人应当怎样行动"的问题。目前,人类社会已经是工程社会,人们生活在一个人工世界中,工程在给人类带来巨大福祉的同时也使人类遇到了众多的风险和挑战。因此,工程必须受到伦理评价和接受"伦理性目标"导引,伦理诉求是工程活动的一个内在规定。工程是一个汇聚了科学、技术、经济、政治、法律、文化、环境等要素的系统,同时,在工程活动中存在着许多不同的利益主体和不同的利益集团,如何公正合理地分配工程活动带来的利益、风险和代价,工程伦理在其中起了重要的定向和调节作用。

工程活动的主体是工程师,工程师的职业伦理是工程伦理中的一个中心内容。工程师的职业伦理表明了工程师在职业行为上对社会的承诺,也是社会对工程师在职业行为方式上的期待。2004 年第二届世界工程师大会《上海宣言》宣布:"为社会建造日益美好的生活,是工程师的天职……创造和利用各种方法减少资源浪费,降低污染,保护人类健康幸福和生态环境……用工程技术消除贫困,改善人类健康幸福,增进和平的文化"是工程师的责任和承诺。在工程活动中,工程师要把质量和安全放在第一位;诚信是工程师所必须具备的一种基本道德素养;工程师在利益冲突中,必须保持客观和公正;工程师对社会和职业的忠诚应该高于或超过对直接雇主的狭隘利益的忠诚[115-117]。

(5)工程文化观。工程文化是工程共同体围绕共同的工程目标,在工程活动中形成的思想模式、情感模式和活动模式,包括工程理念、行为规则和形式化程序等。工程文化的灵魂是工程价值观。

工程文化集中表现为人在工程活动中对"真、善、美"的追求。在工程活动中,美不但表现在建筑物的外观"形态美"和"形式美"上,更表现在工程的外部形式与内在功能有机统一而体现出"事物美"和"生活美"上。工程活动不仅仅满足人的基本生存需要,也应该同时满足人类追求美的精神需要。工程美是在工程活动以及工程效果中所包含的那些和谐、有序、稳定的因素。工程美能够给工程共同体乃至工程项目享受者带来"和谐、愉悦的感受"。工程美不应该仅仅是工程设计师追求的目标,而且也应该成为工程共同体全体成员追求的目标。

工程文化是工程活动的"精神内涵"和"黏合剂"。富含工程文化要素的工程生机盎然,缺少工程文化要素的工程必定充满遗憾甚至贻害人类和自然。在工程设计中,上乘的工程文化体现在设计者所具有的突破旧观念的勇气、深厚文化底蕴以及哲学素养上;在工程实施中,工程文化通过能否贯彻设计者理念、能否保证施工质量、能否营造良好的环境等方面表现出来并直接影响施工的进度与质量;在工程建构完成及随后的运行、管理过程中,工程文化可以作为评价工程的重要尺度;工程文化还可以描绘工程发展的未来图景,提供工程活动的新目标、新要求。

(6)工程价值观。在现代工程建设中,工程及其活动作为一种关系纽带,体现着人与自然、人与社会的双重关系,因此仅仅将工程及其活动简化为理想的纯技术性或纯经济性的人类活动是不行的(见图2-2)。

从工程哲学的角度看,工程活动只是人类追求其生存和发展价值的一种手段,工程的根本意义在于以人为本,通过工程活动使人得到自由而全面的发展,找到自身存在和发展的精神和物质家园。从本质上讲,工程及工程活动是一种要素集成的过程和结果,包括物质的、精神的和知识的三大要素。人类通过有目的性的工程活动,将工程系统、社会系统和自然系统紧密地联系在一起。工程是包含着人类价值追求的过程和结果,由于注入了人类的价值追求,工程就成为拥有自然属性和社会属性的统一体。从工程发展来看,工程就是人类价值追求的展开过程,工程构思和决策阶段是价值构思的阶段,工程开工

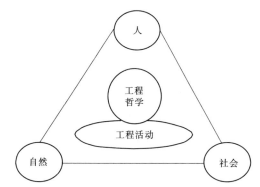

图 2-2　工程活动在"自然—人—社会"三元关系中的位置

建造形成人工物阶段是价值实现的过程,工程运行的过程是价值增值(成功的工程)或价值减值(失败的工程)的过程。工程的价值定向是工程活动中精神活动规律、知识跃迁规律和物质运动规律的统一,工程价值的形成、实现和增值(减值)过程必须符合这三大规律。必须从这三个方面全面地研究工程,不能仅仅把工程看成人类征服自然的工具。

2.1.1.3　工程哲学视域下的水资源工程系统

对水资源工程的哲学分析应以工程哲学为指导,吸取和概括与水资源工程建设有关的当代自然科学、技术科学、管理科学和决策科学的经验和成果,从总体上研究水资源工程活动的普遍联系和一般规律,以及其与自然界和社会本质关系的一个过程[118]。

(1)水资源工程的决策阶段——系统论、生态论和社会论。

①20 世纪 60 年代末 70 年代初,一批关于系统从无序到有序进化机制的系统自组织理论(如耗散结构理论、协同论、超循环理论)相继诞生,为研究工程系统提供了更新的理论依据。水资源工程系统是一个具有多个子系统、多层次、多目标的技术系统,这种技术系统体现着工程的专业目标(功能、质量和生产能力)。水资源工程系统同自然界本质是一致的,是客观的、合乎规律的自组织发展过程,追求技术系统的和谐。

②以水资源工程为主体构成的水资源工程生态系统,体现着生态与工程的关系。水资源工程生态系统是一个复杂系统,这个系统具有自己的要素、结构和功能,水资源工程与水生态系统之间进行着物质和能量的互换,其演化机制包括非线性调节机制、反馈调节机制、协同调节机制、循环再生机制,在这种交换和演化过程中,水资源工程生态系统从不平衡到平衡再到不平衡,在运动中追求着工程与生态的和谐。

③水资源工程的社会性体现在目标的社会性、活动的社会性、评价的社会性,水资源工程的社会功能具有正负二重性,正的功能就是水资源工程的经济效益和社会效益,如对产业结构的改善、GDP 的贡献、就业的促进等;负的功能就是水资源工程的社会成本和经济成本,如工程投资的消耗、移民的搬迁等。

水资源工程不仅是技术或技术"集成"的过程和结果,也是对工程进行社会选择或建构的过程和结果。工程项目决策的环境和基础是多维度和多变的,因此工程决策思考的因素也应当是多维度的,工程决策方案的制订和选择也应当是有多种可能的,它不仅涉及自然科学和工程技术的问题,也涉及社会科学、环境科学、人文价值甚至艺术美学等方面的考虑,是一种非线性的社会系统决策[119]。在水资源工程活动中,提倡公众参与是现代工程发展的必然趋势,水资源工程活动不仅是企业、政府的实践活动,也是相关公众的活动,公众对工程应该有知情权、参与权、监督权,工程的正常实施离不开公众的支持和理解,这是科学发展观的核心——以人为本的必然要求。通过工程的公众参与,实现水资源工程与社会、经济的和谐。

④水资源工程活动的决策要善于处理决策过程中的矛盾关系,如工程措施与非工程措施、河流辩证法、大中小工程、排与蓄、远景与近景、内涵与外延、科学决策与民主决策、继承与创新等关系。

(2)水资源工程的建设实施阶段——控制论、文化论和创新论。

①工程的建设和完成过程是各种任务和工作的综合,是个行为系统。行为系统需要有目标的控制,对水资源工程的实施过程就是对水资源工程目标实现的行为过程进行控制的过程,分析工程控制理论、控制技术在工程项目管理中的具体应用,研究工程项目控制的模式和系统,研究工程项目控制的理论、技术与方法。计划系统规划未来,控制系统保障未来。工程项目实施是一个动态的、随机的、复杂的过程,为实现项目建设的目标,参与项目建设的有关各方必须在系统控制理论指导下,围绕工程建设的工期、成本和质量,对建设项目的实施状态进行周密的、全面的监控,从而实现工程与技术的和谐。

②在人类开发利用水资源的工程活动中,涌现了众多的体现优秀的"工程文化"典范,如都江堰工程、三峡工程等,这些构成了水资源工程文化的物质基础。水资源工程文化具有重要功能:文化内涵让水资源工程具有永恒发展的持续动力,提高了水资源工程设计、施工中的审美能力,使水资源工程成为人类物质家园和精神家园的统一体;工程文化在工程活动的各个阶段起关键作用。水资源工程文化的基本内容包括工程活动的物质文化、精神文化和

制度文化,如工程实体本身、水利思想、工程管理制度、建造标准、施工程序、操作守则等。这是一种追求工程与人文和谐的工程文化。

③水资源工程本身就是创新,是追求人与水和谐的工程创新。人与水之间存在着不和谐,人们通过水资源工程的建设来改善这种不和谐,努力实现人和水的和谐。在这个追求人水和谐的过程中,和谐与不和谐交替出现,是人水矛盾的两个方面。正是通过工程创新,人们才找到可实现人水和谐的有效工具和途径。水资源工程创新包含工程主体创新、工程过程创新、工程要素创新三个方面,只有通过工程共同体的努力,才能实现水资源工程创新,从而实现创新型水资源工程,实现水资源工程的和谐。

④在水资源工程的实施中,要善于利用河流辩证法,处理好设计与条件,需要与可能,总体设计与具体设计,规范与创新,共性与个性,专业设计与社会设计,实体与模型,进度、质量与投资,自然与人文,程序化与制度化,移民安置与家园重建等关系。

(3)水资源工程的运营维护阶段——价值论。

①项目追求的目标是成功,由于评价主体的异质性、工程客体的特殊性、研究方法的多样性以及对工程评价的阶段性等因素,工程成功没有一个明确的判断标准,于是产生了工程管理活动的混乱,甚至导致项目最后的失败。水资源工程具有很强的外部性和内部性,在对水资源工程进行评估的过程中,应提倡整体性、和谐性、系统价值思维和生态价值观,应该建立在多元主体的价值观协调的基础上。必须认识到水资源工程,特别是大型水资源工程的实施往往不可避免地涉及众多的利益相关者,对水资源工程的评价,应该从利益相关者的视角出发形成以“公平”“效率”为基本目标的水资源工程核心价值体系。在运营阶段,水资源工程通过功能的发挥,实现自身的发展和演化,与社会、经济、生态和谐共生。

②水资源工程的运行管理不仅关系到工程效益的充分发挥,还涉及社会公共安全,因此必须高度重视。要善于处理目的和结果,建设与管理,管理与养护,更新与改造,经济效益,社会效益与生态效益,公平与效率等关系。

(4)水资源工程和谐。

水资源工程和谐是工程可持续发展理论的目标,是水利可持续发展、流域可持续发展的基础和重要组成部分。水资源工程社会责任是实现水资源工程和谐的重要手段。正是由于存在着不和谐,所以需要履行水资源工程的社会责任,在这一过程中实现水资源工程各种价值追求的和谐。

2.1.1.4　水资源工程活动负面效应的根源

众所周知,水资源工程活动产生了一定的负面效应,这种负面效应体现在自然扭曲和社会扭曲两个方面。水资源工程是人类有目的地开发利用水资源,满足自身生存和发展需要的社会实践活动,作为一种人工物,水资源工程既有"物"性又有"人"性。水资源工程负面效应的根源就是这两个方面。

水资源工程的客观性表现在水资源工程首先是一个具有一定结构和功能的实在物。这个实在物包括了工程系统功能所必需的各类物质要素,如物料、设施和工具等。其次,水资源工程的建设需要按照一定程序进行,也就是所谓的建设程序。水资源工程的建设程序包括项目建议书、可行性研究报告、初步设计、施工准备(包括招标设计)、建设实施、生产准备、竣工验收、后评价等阶段。建设程序是工程项目建设过程及客观规律的反映,不按建设程序办事是工程出现质量问题的重要原因。最后,水资源工程具有风险性。作为一种客观存在,人们运用水资源工程去改造水环境,其结果是难以预料的,工程的发展和演化具有自主性。水资源工程的物性体现了其"自在"性的一面,是水资源工程工具性的体现,水资源工程是人类改造自然的一种工具。水资源工程的客观性使人们利用工程获得的结果包含着无法预见的利益、代价和风险,不同的社会群体可能在不同的时间、不同的地点承受某些不良的后果。

水资源工程活动的价值负载体现了其"人"性的一面。水资源工程作为人工物,具有"不自在"性的一面。水资源工程一开始就是人类有目的的活动,目的性是人类活动区别于动物的根本标志。这种目的来源于人类对客观世界理性的认识,这种认识负载着活动主体的价值取向。也就是说,水资源工程是人类一定价值取向指导下的理性活动的结果。不同的人群在水资源工程活动中的价值取向是不同的,从而产生不同的主体行为,使水资源工程活动及其结果产生不同的效果。一旦水资源工程和活动成为特定的利益集团或者个人追求狭隘的个体或群体利益时,由于忽视了水资源工程内在的客观性和多数人的利益,水资源工程有可能不再体现为自然属性与价值属性、目的和手段的辩证统一物,它所带来的社会后果也许将是破坏性或灾难性甚至是毁灭性的。这往往是水资源工程中社会扭曲的表现。如水资源工程建设中的腐败、违法行为和钱权交易,偷工减料导致的水资源工程质量事故、豆腐渣工程、政绩工程,给社会和环境造成极大的浪费和破坏。

由此可见,水资源工程负面效应的根源是水资源工程的客观性和价值负载性。为了消除水资源工程的负面效应,水资源工程就必须担负起社会责任。

2.1.2　水资源工程社会责任定义

水资源工程社会责任的定义包括理论定义和工作定义两种。

2.1.2.1　水资源工程社会责任理论定义

水资源工程社会责任是指水资源工程共同体在进行水资源工程活动时，要对工程自身、生态环境，以及社会公众和子孙后代的生存和发展负责，将水资源工程活动对自然、社会和人产生的可能与实际危害消除或者降到最低程度。水资源工程社会责任的核心是以人为本，最终目标是实现人与水的和谐共存，使水资源工程达到工程的和谐状态。理论定义是从水资源工程社会责任与企业社会责任、技术责任定义的对比中得出的。

工程是指人类构思、建造和使用人工实在物的一种有组织、有目的的社会实践活动过程及其结果。因此，如同企业一样，工程也是一种组织，企业可以并应该承担社会责任，工程也可以并应该承担社会责任，但是工程的组织形式与企业的组织形式之间存在着很大的不同，工程的组织形式具有临时性、一次性的特点，组织弹性大。再者，工程尤其是大型水资源工程，对合作的需求往往比长期组织更为迫切，因为工程最终能在多大程度上实现预期的目标，不仅取决于工程各参与方自身的努力，更取决于他们之间合作的成效。另外，企业的一些相关理论也可以应用到工程上，比如，将企业治理理论、企业可持续发展理论、企业生态理论、企业利益相关者理论等应用到工程项目组织上，就形成了有关工程项目管理理论的前沿和热点，如工程项目治理理论、工程生态理论、工程可持续发展理论、工程项目利益相关者理论等[120]。

在技术哲学中，对技术产生的消极后果的讨论以及由此产生的责任问题成为技术社会中人们关注的焦点。技术责任是指"技术责任的主体把技术付诸实施时，要考虑到技术影响对象的利益，换而言之就是要对消费者负责，即保证技术产品的质量；对生态环境负责，对受技术影响的居民乃至我们的子孙后代的生存负责，也就是要把技术对环境以及由此对人产生的可能与实际危害消除掉或者降到最低程度。"[121]在"三元论"（科学、技术、工程）的基础上，工程哲学成为与技术哲学、科学哲学并列的一门新型的哲学。既然对技术的反思产生了技术责任问题，那么对工程的反思就产生了工程社会责任问题，特别是水资源工程的社会责任问题。

2.1.2.2　水资源工程社会责任工作定义

水资源工程社会责任是指在水资源工程建设中，为了实现水资源工程自身系统内部、系统与水环境之间、系统与社会环境之间以及系统与人文环境之间的和谐发展,水资源工程共同体所采取的控制和协调行为。因此,从系统与环境的关系上讲,水资源工程社会责任包括技术责任、经济责任、生态责任、社区责任和人文责任。

水资源工程社会责任的工作定义是在水资源工程进行工程哲学分析的基础上建立起来的。从工程哲学的观点看,对水资源工程的正确认识应该是多角度的,包括技术、经济、生态、社区和人文等方面。而对水资源工程的认识,则经历了一个曲折的过程。从制约水资源工程建设的主要因素来讲,我国的水资源工程建设经历了技术制约、经济制约、生态制约和社区制约的阶段,在构建和谐社会、建设生态文明的环境下,生态因素和社会因素成为主要的制约因素。我国水利行业的指导思想也经历了工程水利—资源水利—生态水利—人文水利的历程。从工程哲学的角度看,水资源工程的最终目的是"为社会的",这也是水资源工程存在和发展的灵魂。

水资源工程社会责任包括五个方面,这五个方面构成水资源工程社会责任的三个层次:技术责任和经济责任是核心责任,生态责任和社区责任是基础责任,人文责任则是延伸责任。这种三层次的社会责任体系构成了水资源工程社会责任系统,这种责任系统表明了水资源工程、社会、生态之间复杂的关系。水资源工程活动体现了人与人、人与水之间的实践关系,水资源工程社会责任就是调节水资源工程活动中人与人、人与水之间关系,实现人与人、人与水之间的和谐,从而实现水资源工程的和谐。

在当代工程中,社会责任问题极为突出,特别是水资源工程。在水资源工程建设中,工程决策者对工程的目的负有价值定向的责任,但由于水资源工程自身的风险性和人类科学技术能力的有限性,即使出于良好动机的工程仍然会对利益相关者和生态环境造成负面影响,如三门峡工程;在水资源工程实施和运行过程中,忽视其社会责任,轻则工程效益不能最佳发挥乃至工程失败,重则造成环境危害,危及社会稳定和发展,更严重者危及人民生命财产。

2.1.2.3　水资源工程社会责任、企业社会责任和一般工程(技术)责任的对比分析

水资源工程社会责任和一般工程(技术)责任、企业社会责任都是社会责任的应用领域,用哲学、伦理学来解释和解决问题,有相同的一面,也有不同的一面。水资源工程社会责任与技术责任、企业社会责任的对比分析见表2-1。

表 2-1　水资源工程社会责任与技术责任、企业社会责任的对比分析

项目	企业社会责任	一般工程(技术)责任	水资源工程社会责任
理论基础	经济人—社会人—复杂人	"三元论"(科学、技术、工程)	"三元论"(科学、技术、工程)
应用理论	管理哲学	技术哲学	工程哲学
研究对象	企业	技术	水资源工程
典型事例	企业社会责任运动	技术批判	怒江开发争论
研究范围	研究企业社会责任与企业管理、企业业绩、发展的关系、利益相关者、推行途径等	技术的整体责任与个体责任研究、科学家和工程师主体研究、应用伦理学的研究、技术社会学的研究	研究水资源工程社会责任的范围、内容、实现机制、驱动力、评价指标和评价方法等
研究方法	利益相关者方法等	技术哲学方法	工程哲学方法
研究路线	从经济学、法学、哲学多角度研究企业社会责任的内涵和外延,构建评价指标体系和评价方法	从技术哲学的角度研究技术责任问题,角度单一	依据工程哲学的基本原理,构建水资源工程社会责任的概念和基本原理,构建评价指标和评价方法
研究进展	已经有了丰富的前期成果	有了一定的研究成果	首次提出
评价机制	企业自主评价	—	政府主导、企业参与、公众监督

2.1.3　水资源工程社会责任与水资源工程可持续发展

2.1.3.1　水资源工程可持续发展

"可持续发展(Sustainable Development)"的概念最先是在 1972 年斯德哥尔摩举行的联合国人类环境研讨会上正式讨论的。工程可持续发展的研究是可持续发展问题在工程这个微观层面上的深入。目前,"工程项目可持续发展"是工程管理界新的热点问题。水资源工程可持续发展(性)是指水资源工程在其生命周期内,持续、协调地发挥其社会效益、经济效益、环境效益,动态地平衡各种效益和影响,使发展速度和发展质量互相适应,使水资源工程项目

具有稳定的可持续能力,保持工程项目目标的可持续性。其内涵体现为工程技术的先进性、经济效益的合理性、社会影响的协调性、生态环境的可容性、管理体系的完整性。

2.1.3.2　水资源工程社会责任与水资源工程可持续发展的关系

(1)提出背景不同。水资源工程可持续发展是可持续发展理论在水资源工程这个微观层面的应用。工程可持续发展思想是在国外大规模工程建设已基本结束,很多工程项目进入维护和更新阶段,如何提高工程运行和维护效果,使之能长期服务于社会的背景下提出来的。对于水资源工程来说,由于我国在 20 世纪五六十年代进行了大规模的水利基础设施建设,经过几十年的运行,这些水利设施面临着程度不一的损毁,需要进行更新改造甚至拆除,在这种背景下,水资源工程的可持续性被提了出来。水资源社会责任的背景是鉴于水资源工程在创造巨大效益的同时给社会、生态带来了许多不良影响,从而促使人们思考水资源工程应如何对社会承担起经济、技术的基本责任之外,还必须考虑伦理和道义上的责任。

(2)侧重点不同。水资源工程社会责任强调从行业自律、法律、道德和伦理的角度规范工程建设行为,增强工程共同体的责任意识,关注工程利益相关者的要求,重点强调的是围绕着工程应该承担社会责任,不以追求经济效益为唯一目标,关注利益相关者的利益,通过工程建设运营及相关的延伸环节所要求的各项责任,强调水资源工程社会责任对员工权益的保护、对移民生产生活的保障和对社区关系的协调等,牵涉到道德和伦理相关层面的内容。

水资源工程可持续发展涉及水资源工程发展与可持续的关系。这里也牵涉到水资源工程的可持续发展理念、可持续发展的管理模式。其重点仍是水资源工程的发展,同时兼顾环境与社会问题。因此,水资源工程可持续发展中强调工程的自主创新、良好的工程文化、完善的管理制度、优秀的品牌、优良的产品等。水资源工程可持续发展仍是以工程管理为基础、以工程质量为核心、以人才为保证、以发展为目标的系统。

(3)水资源工程社会责任是促进水资源工程可持续发展的重要手段。水资源工程社会责任体现了工程目标和所采用手段的合道德性,以及与工程利益相关者重大问题的处理方式的转变,它作为工程价值体系的核心,为水资源工程可持续发展提供了稳定的价值观,从根本上决定了工程建设的可持续性。这个价值观着眼于工程建设的长远性和持续性,摆脱了狭隘的短期利益和集团利益,承担着社会责任和风险,把投资者、工程师、管理者、工人以及利益相关者置于整体考虑。水资源工程社会责任本身不是目的,它是工程欲达目标的方式和手段。

　　而水资源工程可持续发展总体来看是工程建设和运营的一种模式,也是当前水资源工程建设发展的长远总体目标,它是复杂的系统工程。水资源工程要如何实现可持续发展,其中积极承担水资源工程的社会责任就是很好的方式之一,因为这样能增加工程的无形声誉资产。因此,水资源工程承担社会责任的背后意味着人性化工程的价值观,该价值观通过工程的具体行为得到体现,从而树立工程的形象,也构成公众对工程好坏的评价。而水资源工程可持续发展则是明确工程的发展目标和发展模式,如果水资源工程可持续发展是指引工程建设的目标,水资源工程社会责任就是实现这一目标的措施。

　　综上所述,水资源工程社会责任与水资源工程可持续发展总体方向是一致和吻合的,在内容上有逐步融合的特点。

2.2　水资源工程共同体理论

2.2.1　工程共同体理论

　　工程活动的主体属于世界2,是指集结在特定工程活动下,为实现同一工程目标而组成的有层次、多角色、分工协作、利益多元的复杂的工程活动主体的系统,是从事某一工程活动的个人"总体",以及社会上从事着工程活动的人们的总体,进而与从事其他活动的人群共同体区别开来,是现实工程活动所必需的特定的人群共同体,可以称之为工程共同体。工程共同体是有结构的,由不同角色、不同类型的人们组成,包括工程师、工人、投资者、管理者等利益相关者,是一个"异质成员共同体"[122]。

　　根据工程共同体之间是否存在合同约束,可以将工程共同体分为两类:一类是主体之间存在工程合同关系,如投资者、工人、工程师、管理者,他们以一定的方式结合起来,分工协作,以企业、公司、项目部等形式依据一定的合同模式组成一定的项目管理模式,进行具体的工程活动的共同体,称为工程活动共同体。他们之间根据合同承担各自的合同责任和社会责任。另一类是主体间不存在合同关系,但是与工程间接地发生联系,互相影响,互相作用,包括政府部门、新闻单位、社区单位和各种社团。因此,可以根据共同体是否与工程发生合同关系,将这些工程共同体分为政府、企业、社团三大类,企业是与工程存在合同关系的营利性社会组织,政府和社团是不与工程发生合同关系的非营利性社会组织,例如维护工人权益的工会,进行工程师资格管理和本专业交流发展的各种工程师协会、工程学会,维护企业家权益和交流的各种商会,虽然都不是而且也不可能是具体从事工程活动的共同体(可以称为职业共同体),但是往往是工程实施者各成员的利益诉求的主体。三者在工程活动中追求的价值各有侧重,如政府追求工程的效率与公平,企业追求工程的效率,社团追求各自特殊的价值需求。

与技术责任、企业社会责任相比,水资源工程社会责任有其自身的内容。从作用领域来看,水资源工程社会责任是与水资源工程活动联系在一起的社会责任,从而引导、监督水资源工程活动,主要在水资源工程领域发挥其作用。从水资源工程活动涉及的主体看,水资源工程是一项涉及社会政治、经济、科技、文化、自然等多方面的活动,需要各种利益主体参与工程活动,水资源工程社会责任的主体非常复杂。现阶段,社会正处在转型时期,我国水资源工程的建设也从计划经济时代走向市场+计划的二元经济时代。水资源工程总体上是公益性的基础设施,这个特点决定着公共财政投入是水资源工程投资的主渠道,必须加强政府的调控和引导。另外,水资源工程也是社会和公众关注的重点,其建设关系到社会方方面面的群体利益,要发挥和调动社会与公众的积极性。

从个体层面看,水资源工程共同体包括投资者、管理者、工程师、工人和受众。但是,要想进行水资源工程的建设,这些个体必须以某种组织的形式出现。现代工程建设是一个集体活动。目前,我国水资源工程的投资者主要是政府,水资源工程属于政府投资项目。具体到每一个水资源工程,管理者、工程师和工人往往组成企业(项目部)进行工程建设,大多数情况下,工程师和管理者往往出现复合。受众是指受水资源工程影响的社会公众,他们对水资源工程有着不同的价值诉求,从而围绕着各自的价值取向形成利益集团,如工程师协会、工会、村民自治组织、环境 NGO、媒体等。

从组织层面上看,水资源工程共同体包括政府、企业、社团三大共同体。政府的工程社会责任、企业的工程社会责任和社团的工程社会责任构成了水资源工程社会责任的三重性结构。根据党的十七大报告中提出的建立"决策权、执行权、监督权"三权分立的政府行政机制,政府的责任是水资源工程的决策、审批和监督,企业的责任是进行水资源工程的建设,社团的责任是对水资源工程决策、审批、建设和运行进行广泛的社会监督,从第三方的角度维护社会大众的利益,保证水资源工程的公益性。

近年来,随着我国政府改革的不断推进,作为与政府、企业并列的第三部门——非政府组织,在我国得到了快速发展。据统计,截至 2007 年底,全国共

有各类民间组织 38.1 万个。社会团体、民办非企业单位是目前我国民间组织
两大主要种类,根据我国《社会团体登记管理条例》规定,社会团体是公民自
愿组成,为实现会员共同意愿,按照其章程开展活动的非营利性社会组织;根
据《民办非企业事业单位登记管理暂行条例》,民办非企业单位是企业事业单
位、社会团体和其他力量以及公民个人利用非国有资产举办的,从事非营利性
社会服务的社会组织。这两类组织即国际上通常所称的"非政府组织",为简
化,统一用"社团组织"来表示。

　　具体而言,政府包括:中央政府、地方政府及其他水事行政管理部门;企业
包括:水资源开发利用企业(核心)、相关的参与水资源工程建设的各类企业
(水资源开发利用企业、银行、承包商、供应商、咨询公司等);社团组织包括:
政府性社团(政协、工会、村民自治组织)、非政府性社团(具有独特水资源价
值追求的非政府组织,如环保组织、人权组织、社会媒体、学术团体等)。

　　水资源工程社会责任结构框图见图 2-3。

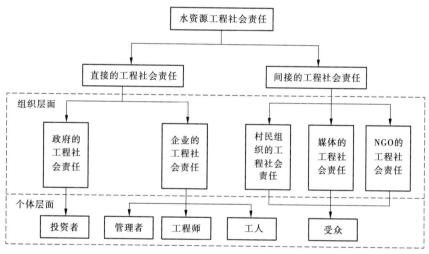

图 2-3　水资源工程社会责任结构框图

2.2.2　水资源工程社会责任主体

　　从工程共同体的角度看,水资源工程社会责任的主体是多元性的,是一个
集体责任。其中,涉水企业是实施者,政府是监控者,其他各利益相关者是协
调者和参与者。涉水企业作为水资源工程社会责任的主要主体,是最主要的
实施者,是水资源工程社会责任的核心主体,但离开其他监控者、协调者和参
与者的参与,水资源工程社会责任也失去了意义。水资源工程社会责任的实

现依靠各个主体间社会责任的作用,这种作用来源于水资源工程社会责任的整体性和开放性。

水资源工程各主体社会责任相互作用的动力是各主体间社会责任的相互开放,水资源工程社会责任对外部社会环境、自然环境的开放,水资源工程各主体社会责任之间的相互开放。由于有了开放性,水资源工程社会责任在水资源工程活动的过程中进行着与外部环境和内部各主体间社会责任的物质、能量和信息的交换,从而形成了水资源工程社会责任的发展和演化。由于水资源工程社会责任不仅有着复杂的主体构成要素,更有着极其复杂的运作机制,其发展的过程、快慢和出发点等均是非线性函数,所以水资源工程社会责任这种交换过程是一个非平衡状态下的复杂的动态变化过程。

水资源工程各主体社会责任的相互作用的结果就是整体的水资源工程社会责任。不同的水资源工程主体在水资源工程中具有不同的社会责任,不同责任主体的社会责任之间存在着相互影响、相互制约的非线性关系,在相互作用下形成一个非线性的责任网络。在这个网络中,水资源工程社会责任与各主体社会责任之间是整体与部分的关系,部分影响整体,整体制约部分,在各个主体社会责任的相互作用中表现出一个整体性的水资源工程社会责任。

水资源工程是实现水资源状态转换的过程,使水资源从一个平衡状态跃迁到另一个平衡状态,这是一个平衡—不平衡—新的平衡的过程,水资源工程社会责任的目的就是使水资源达到一种新的理想状态,这种状态要使水资源工程系统、社会系统和自然生态系统和谐共生,从工程哲学的角度看,就是要实现水资源工程和谐。水资源工程和谐是指为了实现水资源工程综合效益目标的最大化,使得水资源工程系统内部各组成部分之间以及水资源工程与其外部环境之间处于相互协调、良性运转的一种状态。为了实现水资源工程和谐状态,就必须进行水资源工程社会责任建设,在实现水资源工程社会责任的过程中,水资源工程社会责任主体之间的关系在于政府主导、企业执行、社团组织参与(见图2-4)。

2.2.2.1　政府的工程社会责任

在技术、管理、制造水平远不如今天的古代社会,我国建造了一批大规模、高质量的工程,其典型代表包括长城工程、都江堰工程、宫殿等。这些工程均由奴隶制国家或封建制国家政府出资修建、组织实施,政府既是工程的规划者、监督者,又是工程的建设者、组织者。这是工程取得成功的重要因素。

目前,工程项目分为政府投资项目和企业投资项目两种。在现代社会,政府管理贯穿于工程建设的全过程,特别是一些政府投资工程,具有很强的公益

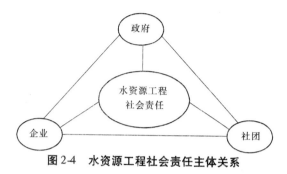

图 2-4　水资源工程社会责任主体关系

性和社会性,社会影响大,社会责任发挥重要的作用。在工程决策阶段,政府承担的社会责任包括:工程决策的民主化、科学化,工程审批过程的合法化,工程的目标符合社会利益和生态利益的程度;在工程实施阶段,政府的社会责任包括:工程开工许可证的颁发,工程实施监督的到位情况,管理方式和手段的先进性等;在工程竣工和验收阶段,政府的社会责任包括政府对决策失误工程的责任,竣工备案等。目前,由于对政府的工程社会责任认识不足和履行不到位,出现了一些违背自然规律的工程、重复建设工程、政绩工程、献礼工程、首长工程等"不好的工程"。政府工程社会责任具有以下特点:①主体身份的双重性。政府既是工程社会责任的倡导者,又是工程社会责任的实践者,作为前者,政府必须在全社会树立形象,营造舆论,唤起工程共同体的责任感,作为后者,政府必须言行一致,做敢于承担责任的典范,如对于三门峡工程利弊的争论。②主体地位的重要性。政府的工程社会责任构成了政府形象和政府威信的重要内容,政府的工程社会责任缺位,可能会诱发政府的执政危机,如厦门的 PX 项目风波[123]。

(1)践行科学发展观的指导思想——思想保障。科学发展观坚持以人为本、全面协调可持续发展,强调按照"五个统筹"的要求,协调经济社会发展与人的全面发展的平衡,强调人与自然的和谐。可持续发展治水思路是科学发展观在水利工作中的具体体现,是我国水资源工程建设的指导思想。践行可持续发展治水指导思想,在水资源工程建设中要做到六个坚持:一是坚持统筹规划;二是坚持东中西协调推进;三是坚持大中小微并举;四是坚持扩大能力与巩固提高结合;五是坚持硬件与软件配套;六是坚持经济效益与社会效益、生态效益相统一。

要进一步转变政府职能和管理方式,建设法制型(规范行政行为)、服务型(强化社会管理和公共服务)、效能型(提高效能)和廉洁型的政府,从而提高政府的公信力和执行力。要进一步加强政府部门工作作风建设,按照"为民、务实、清廉"的要求,大力发扬艰苦奋斗、实事求是的优良传统和工作作风。要进一步加强政府机关工作人员的思想道德教育,用"献身、负责、求实"的水利行业精神武装他们的头脑,使他们树立正确的世界观、人生观、价值观、工程观,夯实廉洁从政的思想道德基础,巩固拒腐防变的思想道德防线。

(2)推进水资源工程的制度建设——法律保障。政府应该制定有关的法律法规,形成具有刚性约束力的各方行为规范和行动准则,为各方利益的协调提供一个公平、公正的平台。从制度上保障,就要做到"有法可依、执法必严、违法必究",推进依法行政。

有法可依,我国已经制定和颁布了较为齐备的水资源工程管理法规体系。法律如《中华人民共和国水法》《中华人民共和国防洪法》;行政法规、部门规章及(部)委文件包括:决策阶段的《水工程建设规划同意书制度管理办法》《水利工程管理体制改革实施意见》《水利基本建设投资计划管理暂行办法》《水利工程建设程序管理暂行规定》等,建设阶段的《水利工程质量检测管理规定》《水利工程建设项目招标投标行政监察暂行规定》《水利工程建设项目招标投标管理规定》《水利工程建设项目监理招标投标管理办法》《水利建设工程施工分包管理规定》《水利工程建设监理规定》《水利工程质量管理规定》《水利工程建设安全生产管理规定》《水利工程建设项目验收管理规定》等,运行阶段的《水库降等与报废管理办法》《水库大坝安全鉴定办法》《水库大坝安全管理条例》《病险水库除险加固工程项目建设管理办法》等。执法必严,加大工程执法监督力度,推行行政执法责任制,建立健全行政执法评议考核机制,规范和监督行政权力的行使。

另外,要大力推进普法宣传和水法制教育,使懂法和守法的法制观念深入到每个水资源工程建设者的思想中,增强在工程建设中遵守水资源工程法规的自觉性,进一步提高利用法律武器维护自身权益的意识。

(3)提高水资源工程的综合效益——经济支撑。由于历史和工程性质因素,我国水资源工程投入的来源绝大多数是财政投资。新中国成立后,党和政府一直把水资源工程建设作为关系民族存亡、国家兴衰的大事,不断加大水利基础设施的投入。据统计,1998~2006年全国水利固定资产投资完成6 027亿元,其中中央水利投资达2 783亿元,建成了如三峡工程、小浪底工程、"天保工程"等一大批关系国计民生和发展的重要水利基础设施,使我国的水资源问题得到初步解决。财政建设资金都是"纳税人的钱",为了实现工程安全、资金安全、干部安全,做到工程优良、干部优秀,要加大执法监察、工程稽查和审计监督的力度。可持续发展治水思路要求水资源工程建设坚持以人为本,注重民生水利,做到发展为了人民、发展依靠人民、发展成果由人民共享。在水资源工程建设中,政府要协调各方利益,保护受工程影响的弱势群体(工人、移民等),使水资源工程的巨大效益为广大人民所享有。

(4)增强水资源工程的创新能力——技术支撑。工程的核心是技术,工程的生命力在于技术创新。为了保证水资源工程的功能和质量,政府要做好四方面工作:强化政府工程质量安全监督力度;通过工程建设,在一系列重大水科学问题和关键技术方面取得新的突破,实现"工程带科研、科研为工程";推动高新技术在水利行业中的应用,注重技术更新改造,普及推广先进实用技术,激励水利科技工作者深入建设一线,结合工程实践开展课题研究,开展多种多样的成果发布和技术示范活动,促进科技成果迅速转化为生产力,服务于水资源工程建设生产;构建布局合理、功能完备、运转高效、支撑有力的水利科技创新体系,不断加强并完善"开放、流动、竞争、协作"的新型运行机制建设,大力加强科技基础条件平台建设,促进水利科技资源高效配置和综合利用。

2.2.2.2　企业的工程社会责任

在不同历史时期,人们进行工程活动所依赖的具体制度不同。在古代社会,生产活动的主要制度形式是小作坊和小农户,而在现代社会,工程活动的主要制度形式是企业。此时,政府在工程建设中所发挥的作用发生了巨大的变化,即由工程建设的主要规划者、建设者转变为工程建设的管理者、监督者。通过工程建设规划的审批、颁布相关工程法律体系、工程的政府监督制度等有力手段,政府实现了对工程活动的监督和间接管理。当然,像三峡工程、南水北调工程等一些重大并具有战略意义的工程还需要政府的参与,但这种参与,政府往往通过组建一个国有控股公司来实现,并不直接对工程进行管理。也就是说,现代工程建设主要在政府的监督管理下,由项目法人、承包人、监理人等市场主体承担完成。

在工程建设的过程中,这些市场主体必然涉及社会责任,从企业社会责任的意义上讲,企业在实施工程时,必须将经济效益和企业盈利的目标与社会目标、环境目标相融合,实践证明,只有考虑和符合社会发展需求,符合可持续发展理念的工程,才是具有生命活力的工程。企业在工程建设中涉及面对义利的抉择,其行为包括以下三种情形[124]:恶行,即不顾国家和社会的利益,见利忘义,抛弃起码的企业社会责任,在现实社会生活中,部分企业为了集团利益,置法律、道德于不顾,铤而走险,陷于"不义"的泥潭,这是完全丧失社会责任的表现;合法行为,即遵纪守法,以不破坏国家法律为底线,这是企业有一定社会责任感的体现,但离"大善"还有一段距离;善行,即面对工程实践,企业不仅守法,而且严格自律,在较高程度上实现企业自身利益和社会利益的有机结合,成为对国家、对社会和对人类未来负责的企业典范。企业的工程社会责任特点是:企业工程社会责任是企业社会责任在工程中的体现,是一个工程企业的核心竞争力和企业文化的重要组成部分。

(1)强化工程文化建设,提高员工伦理道德素质,促进企业、人与自然和谐共存。在水资源工程建设中,企业必须用符合全面发展、协调发展、可持续发展的科学发展观的工程文化观引领企业发展,引导企业在工程活动中实现角色的转换,扮演好既是经济组织又是社会组织,既是"经济人"又是"社会人"的双重角色,让正确的价值观念、价值取向和道德评价对水利职工起到规范作用和约束作用,使他们在个人与集体的关系上,在个人利益与集体利益和社会利益的关系上产生一种自律行为。自觉肩负起在促进经济与社会协调、人与社会协调、人与自然协调发展方面的历史使命和社会责任[125]。企业在利用社会提供的经营环境和市场条件谋求利润时,不能忘记自身所肩负的社会责任,尤其在企业壮大之后有义务、有责任以某种方式反哺社会、回报社会。企业要转变和调整水利工作思路,抓好水资源的开发、利用、保护和优化配置,发展节水农业和节水服务业,建立和完善防汛指挥系统、水质信息系统等。通过公益事业与社区共同建设环保设施,支持发展绿色经济、循环经济,建立生态生产模式,进行清洁生产,以净化环境,保护社区及其他公民的利益和日益紧缺的自然资源,从而达到人类与自然和谐相处的目的。

(2)依法经营,完善内部工程管理制度建设,树立"以人为本"的管理理念。对外要依法经营,就是企业在工程建设中,要遵章守纪,使自己的行为受到约束。建立企业约束和监督机制的主要责任在政府,政府应以社会公众利益代表和社会公共管理者的身份,以国家立法的方式和行使政府权力的形式,建立规范企业社会责任的法律、法规约束体系。这一层次的约束是形成企业社会责任约束机制的基本前提和保证,也是形成企业监督机制的基础和依据。政府应充当社会公众的监护人及企业利益与社会利益的协调仲裁人,以行政干预和经济调控为手段,引导并监督企业履行社会责任的程度和方向,纠正或惩处企业逃避社会责任的行为,保证企业切实有效地履行社会责任。社团组织也应发挥应有的作用,加强社会对企业履行社会责任的监督,充分发挥舆论媒介和消费者协会、工会等社会团体组织的作用,形成多层次、多渠道的监督体系,以促成企业履行社会责任的社会环境。

对内要完善工程管理制度,在企业管理中贯彻以人为本的原则,寻求企业和职工利益的更大发展。在工程的管理中,要注重柔性管理、人性化管理,使工人在良好的工作环境中制作出精良的产品。工程不仅仅是工程师设计出来的，更是工人干出来的。企业员工也需要掌握基本的法律常识，拿起法律的武器保护自身的权益，他们对企业社会责任的监督和推进的动力来自企业内部，这种动力胜过任何一个外在的压力。

（3）提高水资源工程经济效益，满足对社会的经济贡献，增强自身经济实力。水资源工程是具有巨大经济效益和社会效益的基础产业和公益事业，在经济社会的可持续发展中具有重要作用。

从企业健康发展的角度看，水资源工程具有丰富的水土资源，通过开发水资源工程风景旅游区，开展多种经营，可以提高水资源工程的综合效益，增强水管单位的经济实力，促进水资源工程良性运行。从社会稳定的角度看，建设水资源工程是为人民、为社会创造更大的效益，而不仅仅是实现某个利益集团的利益。只有满足社会可持续发展目标的工程才是长寿工程，就像都江堰工程一样。水资源工程的建设过程中，要统筹考虑防洪、发电、航运、灌溉、供水、环境保护、污染治理和地方经济发展，按照科学发展观统筹区域发展的要求，发挥重大工程对国家和地区经济发展的带动作用，促进地区产业结构调整，促进水资源综合利用和河流综合治理开发。

（4）构建精品工程，增强企业履行社会责任的实力。工程是工程师、企业家、工人等做出来的，企业员工在水资源工程建设的各个阶段，认真履行自己的责任，对工作有高度责任感，强化责任意识，在思想上牢固树立对国家、对人民、对历史负责的责任感，就可以保证水资源工程在项目规划、决策、设计、施工、运行等阶段遵循科学发展观的精神，从而保证水资源工程决策的科学、论证的详细、设计的合理、施工的有序、管理的严格，建成一座质量优良、环境友好、经济合理、技术先进、效益全面的精品工程，促进质量、进度、投资、效益的有机统一。

2.2.2.3　社团组织的工程社会责任

（1）提高社团成员的社会责任意识，积极进行工程监督和举报。社会责任意识是指社会公众对自己所应承担的社会职责、任务和使命的自觉意识，它要求社会成员除对自身负责外，还必须对他所处的社会负责，正确处理与集体、社会、他人的关系。但是，由于当前我国还处于社会转型期，我国公众社会责任意识还存在着整体缺失状态，主要表现为责任淡漠、责任逃避和责任冲突。一是通过教育宣传来增强公众的社会责任意识；二是制定社团成员的道德准则，鼓励成员有道德的行为。如中国水利学会明确提出要坚持人与自然和谐相处。对工程师的要求不仅仅是把工程做好，而是首先要选择有利于可持续发展的好工程。全面开展节水型社会建设,是解决我国水资源短缺问题的根本性举措,公众要树立节水意识,从个人做起,改变传统的水的消费模式[126]。

杜绝工程建设存在的腐败行为,仅仅依靠工程良心和政府的行政监督是远远不够的,最有效的办法就是实行工程民主、工程社会监督。社团组织的成员在这里应该发挥社会监督的重要作用,肩负起工程监督和举报的责任,从而维护社会公众的利益。当然,政府应该为社会监督作用的发挥提供强有力的制度支持,应该把工程管理变为相关利益者参与的工程治理,在工程中实行民主,保证决策的民主和科学,招标的客观和公正,建设和运行的透明。一个处在政府行政监督、社会外部监督和企业内部监督的工程是一个阳光工程、民主工程,从而也是最大限度满足各方利益需求的和谐工程。

(2)依法活动,完成章程使命。社团组织成立的法律基础是宪法所规定的公民结社权或者结社自由,社团是一个自律组织,社团组织存在的基础就是要遵守国家相关法律,依法活动。另外,社团应该根据章程,维护成员的合法权利,约束成员的行为。如我国《造价工程师职业道德行为准则》就制定了详细、严格的造价工程师职业行为准则。

(3)积极参与水资源工程建设,依法维护社团成员的合法经济利益。社团组织要积极参与工程建设,例如:开辟报纸专栏,刊载公众意见;直播电视专家讨论会,就公众问题公开予以解答;举行志愿者活动,鼓励公众实地考察;在互联网上举办专题讨论会,对网民意见进行综述并呈报有关部门,进行网络投票调查;参加听证会等。在工程参与的过程中,依法维护社团成员的合法经济利益。

(4)开展水资源工程研究,普及水资源工程知识。水资源工程是一个复杂的工程系统,涉及专业多,科技含量大,同时风险也大。因此,在以水利学会、水利工程协会为主体的中国水利专家群体必须担负起科研的责任,在水资源工程的建设中以科技为先导,进行科技创新,解决制约我国水资源工程建设的重大关键技术问题,建设创新型工程。

工程知识的传播是公众参与工程的前提和基础。专家、媒体要在工程知识的传播中发挥重要作用。专家学者慎重发表见解,一方面不应超出自身的专业范围,例如环保专家不涉及工程建设可能造成的社会问题,水电工程师不涉及当地发展方式抉择等;另一方面,专家学者应当慎重权衡发表的言论,避免利益立场的影响,力求客观,发表前对稿样进行再次审核。媒体深入调查工程事件,如实传递专家意见,整合多方见解后发表评论,促进不同理念的正面交锋。

2.2.2.4 水资源工程师的社会责任

从个体责任的角度看,水资源工程社会责任的履行和实现主要依靠水资源工程师在水资源工程中的行为表现——水资源工程师的社会责任。工程师是一种职业,作为一名工程师,他可以是政府、企业和社团组织中的一员。工程师的工作主要包括设计、规划、策划、指挥等,不仅存在于工程活动中,也存在于一般的技术活动中。工程师已不仅仅是从事工程或技术活动的专门人才,他们通过产品的设计和工程的建设来表达自己对自然、对社会的理解。他们将所拥有的工程或技术知识通过技术活动传播给人们。同时,这些技术和技术产品给人们的生活带来了种种方便,也在一定程度上改变人们的生活方式。工程师这一职业已经获得比较独立的社会地位,形成了工程师共同体。

(1)水资源工程师社会责任的特点。水资源工程是以质量为第一位的,影响质量的因素主要有人(Man)、材料(Material)、机械设备(Machine)、方法(Method)和环境(Environment),即4M1E,其中,人的因素又是第一位的。人是工程项目的决策者、管理者、操作者,水资源工程建设的全过程,比如项目的规划、决策、勘察、设计和施工,都是通过人完成的。人员的素质,即人的技术水平、文化水平、决策能力、管理能力、组织能力、作业能力、控制能力、身体素质和职业道德等,直接和间接影响工程的规划、决策、勘察、设计、施工、运营的质量,从而影响水资源工程的进度和效益。水资源工程师社会角色的重要性决定了水资源工程师社会责任的重要性。水资源工程师社会责任与政府和企业工程社会责任的不同之处在于:主体身份不同,水资源工程师社会责任的主体是水资源工程师个体,而政府和企业工程社会责任的主体是社会组织;研究程度不同,水资源工程师社会责任在古代就引起了人们的关注,并且已有相当的研究,而人们对后者特别是对政府工程社会责任重视不够,研究还刚刚开始;水资源工程师社会责任是水资源工程师社会角色的体现,社会分工是社会进步的条件和表现,但是,社会分工往往使全面人性的"本位人"异化为片面性的"岗位人",使活生生的"本人"成为分工的"单面人",水资源工程师社会责任履行实现了二者的结合。

(2)水资源工程师社会责任的内容。《世界工程师大会上海宣言——工程与可持续的未来》指出:一是工程师应担负起使人类生活更美好的重任,明确保持环境与生态系统平衡,确保资源和能源的可持续利用,以促进可持续发展的责任,还需要明确制定发展目标以及可量测的指标体系;二是工程师应该肩负起塑造可持续未来的重任,开发并使用新技术,减少资源、能源消耗,降低污染,保护人类健康和生态环境,创造人类美好生活;三是工程师应该在世界范围的各项工程实践的各个环节中保持职业的高标准;四是工程界不但需要促进工程领域内部的合作,还要加强与自然、社会科学领域的科学家、经济学家,以及与公众之间的多方合作。作为水资源工程师,在长期的水资源工程活动中,形成了其自身的社会责任,具体如下:

①"献身、负责、求实"的核心社会责任,这是水资源工程师社会责任的精神内核,是水资源工程对水资源工程师最根本、最核心的要求。这种精神内核要求:水资源工程师要忠诚于水资源工程建设事业,把毕生精力和聪明才智献给水资源工程建设事业,舍小家、顾大家;要视水资源工程建设工作为己任,一丝不苟,敢挑重担,敢于开拓;不敷衍塞责、不文过饰非、不明哲保身、不弄虚作假、不得过且过、不半途而废,自觉主动迎接挑战;各司其职、各尽其责,敢于排难夺险;在水资源工程建设中,严格执行国家的水资源工程政策法规,坚持工程建设标准和程序,严格工程建设管理,确保工程质量,既要各司其职,又要各工作环节相互配合,团结互助;要讲求实际,坚持一切从实际出发、事必求真的踏实作风;要不唯上、不唯书、只唯实;要敢于追求真理、批评谬误、直面缺点、纠正错误;要深入实际、调查研究、科学决策、讲求实效。

②遵守职业道德规范、制订"善"的工程方案、建造"美"的工程实体等的基本社会责任,这是工程师职业对水资源工程师的要求。在水资源工程的决策阶段,水资源工程师根据投资者提出的工程目标,通过对项目的机会研究、可行性研究和详细可行性研究,寻求水资源工程建设的多种可能方案,通过方案对比,求解出实现项目目标的合理方案;在设计阶段,通过初步设计、技术设计和施工图设计,水资源工程师将水资源工程的建设方案变成"蓝图";在施工阶段,水资源工程师制订详细可行的施工方案,组织和协调工人完成水资源工程结构要素的建造。

③关心科技应用、参与工程传播、影响工程决策等延伸社会责任,这是社会对水资源工程师的要求。

2.2.2.5　水资源工程社会责任矩阵

根据水资源社会责任的分析,可以构建基于微观层面的水资源工程社会责任矩阵,见表2-2。

表 2-2　水资源工程社会责任矩阵

类型	技术责任	经济责任	法律责任	伦理责任
政府	加强水资源工程技术问题研究　重视科技成果的转化、应用和普及　推进水资源工程创新体系建设	加大水资源工程财政投入　水资源工程效益的社会分享　开展工程稽查和审计	健全水资源工程建设法规体系　加强水资源工程政策法规研究和普及　推进依法行政,规范行政行为	强化科学发展观的学习和教育　建设廉洁政府
企业	提高水资源工程功能性　强化质量安全管理　提高工程创新能力	提高水资源工程经济效益　增强自身经济实力　满足对社会的经济贡献	依法经营　建立健全内部水资源工程管理制度	加强企业文化建设　强化员工伦理道德建设
社团组织	开展水资源工程技术研究　推进水资源工程知识的普及	对本社团群体经济利益的维护和诉求　经济来源合法化	遵守国家法律　完成章程使命	加强成员的职业道德建设　进行工程监督、举报
工程师	制订"善"的工程方案　建造"美"的工程实体　参与科学普及	廉洁自律　技术与经济相结合	遵守职业道德　恪守行为规范	献身、负责、求实

2.3　水资源工程社会责任生命周期理论

2.3.1　水资源工程社会责任生命周期组成

水资源工程建设可以分为不同的阶段,包括决策阶段、建设实施阶段(规划设计与建造实施）、运营维护阶段等，在不同阶段，对水资源工程社会责任评价的侧重点和目的是不同的[127]。

（1）水资源工程决策阶段。水资源工程的决策阶段是整个水资源工程的第一阶段，也是最重要和关键的阶段。水资源工程的第一特性就是目的性，而这一阶段就是要定义水资源工程的目标，目标的合理性和科学性决定着一个水资源工程的最终成败。这一阶段中，政府担负着看门人的角色，承担着主要的水资源工程社会责任，在水资源工程社会责任中居于核心的地位。政府必须把好项目的审批关，按照科学化和民主化的要求对项目进行审查，确保"好的工程"获得立项，"不好的工程"不被立项。政府应当承担的主要社会责任包括：维护经济安全、合理开发利用资源、保护生态环境、优化重大布局、保障公共利益、防止出现垄断和不正当竞争等。

（2）水资源工程建设实施阶段。建设实施阶段包括设计子阶段和建造子阶段，其中，在设计子阶段，根据水资源工程目标的要求，在一定的条件约束下，对水资源工程的外形和内在的实体进行筹划、研究、构想和描述，最终形成设计说明书和图纸等相关文件，是将一个思维世界中的水资源工程通过工程语言——图纸这一符号表现出来。在一定程度上，设计的完美反映了一个国家的科技水平和文化水平。在这一阶段中，设计单位（工程师）承担着主要的水资源工程社会责任，工程师在设计中，要处理好水资源工程设计的共性与个性、创新与规范的关系，在设计中体现科学与人文的统一。工程师的设计不但要符合业主的意图，也要符合社会、大众的要求。

在水资源工程建造阶段，将设计意图付诸实现形成水资源工程实体建成最终产品的活动。任何优秀的设计只有通过施工才能变为现实。水资源工程是做出来的。在这一阶段中，水资源工程的社会责任主要体现在施工单位（工程师＋工人）的工作上，水资源工程由于施工条件艰苦，对水资源工程所在地的环境影响大，必须关注施工的安全，注意施工对生态和周边居民的影响。工人在工程共同体中处于弱势地位，要注意对工人的关心，在工程施工管理中要给予工人人文关怀。

（3）水资源工程运营维护阶段。人类建造工程的目的是用物，而不是役于物。水资源工程本身不是目的，关键是对物的使用。在这一阶段，水资源工程的使用单位是水资源工程社会责任的主要承担者。通过对水资源工程的使用，企业获得经济利益的同时，更要为社会提供稳定、安全、优质和足量的水和能源，为移民提供更多的补偿，实现生态平衡的恢复。在工程的维护与使用阶段，消费者共同体与公众共同体对于产品和水资源工程也负有一定的监督和举报责任等。

　　从以上分析可以看出,在不同的阶段,水资源工程社会责任的表现是不尽相同的,是一个动态的过程。在水资源工程生命周期的不同阶段,都需要对水资源工程社会责任进行评价,为项目的决策、建设实施和后评价等服务。在决策规划阶段,"协商"是水资源工程社会责任的核心,它是水资源工程共同体之间利益和价值取向的协调过程,专家咨询的科学性与公众参与的民主性是水资源工程社会责任的基础;在建设实施阶段,"组织凝聚"是水资源工程社会责任的核心,组织指从事工程活动的项目团队,水资源工程建设的好坏取决于项目组织的工作效果;在运营维护阶段,"利益共享"是水资源工程社会责任的核心,水资源工程产生的巨大效益应该由水资源工程共同体共同享用,利益共享也意味着责任共担。

2.3.2　基于生命周期的社会责任体系

　　水资源工程社会责任是一个四维体系,包括水资源工程的类型、社会责任承担主体、社会责任表现形式、社会责任阶段(见图 2-5)。

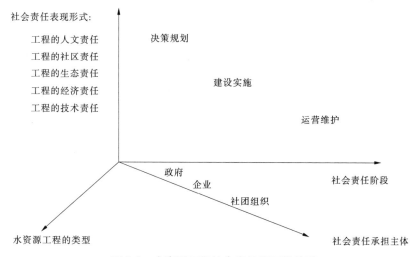

图 2-5　水资源工程社会责任的四维体系

2.4　本章小结

　　本章在引入企业社会责任和技术责任的基础上,结合水资源工程的特点,利用工程哲学的基本观点,分析了水资源工程社会责任问题产生的实践和理论背景,提出了水资源工程社会责任的理论定义和工作定义以及相应的特点。本章提出水资源工程社会责任的三重结构:政府(中央政府、地方政府及其他水事行政管理部门)、企业(水资源开发利用企业、参与水资源工程建设的银行、承包商、供应商、咨询公司等)和社团(人大、政协、工会、村民自治组织,环保组织、人权组织、社会媒体、学术团体等),并在此基础上分析了政府、企业、社团组织的工程社会责任以及工程师的工程社会责任。本章介绍的是理论基础,将工程哲学的基本思想与水资源工程社会责任评价研究结合起来研究水资源工程社会责任评价问题,是水资源工程社会责任研究的进一步深化。

第 3 章　水资源工程社会责任
评价体系框架

3.1　水资源工程社会责任评价目的与体系组成

3.1.1　水资源工程社会责任评价目的

3.1.1.1　水资源工程社会责任评价要求

水资源工程社会责任评价作为项目管理的一种手段,应该满足过程控制和项目利益相关者管理的要求。

一方面,项目管理应该是全过程控制的。水资源工程社会责任具有生命周期性,不同的阶段,社会责任重点是有区别的,不同阶段的水资源工程社会责任评价的目的也是有区别的。因此,水资源工程社会责任评价应该满足过程控制的要求,对水资源工程社会责任的三个阶段进行分阶段的评价。

另一方面,项目管理已经从传统的进度、投资、质量三大目标的控制进入到利益相关者共同管理的层面,项目的利益相关者对项目管理的要求加强,项目及项目管理是否成功取决于利益相关者是否满意。水资源工程社会责任评价是一种对水资源工程活动进行基于项目利益相关者管理的评价活动,这种评价满足了项目利益相关者共同管理的需求。这种评价活动来自项目的内部评价管理、政府的评价管理和社会的评价管理。

水资源工程建设项目的内部评价管理,主要是项目业主(或其委托人)依据工程建设合同进行的,目的是保证水资源工程项目的质量、安全、进度和投资目标,尽快实现水资源工程的效益。水资源工程建设项目的政府评价管理,主要是各级涉水政府部门依据有关政策法规对水资源工程建设进行的全过程的评价管理。水利部先后颁布了《水利基本建设项目稽察暂行办法》《水利工程建设项目招标投标行政监察暂行规定》和《水利工程建设项目招标投标审计办法》,初步建立了政府监控的法律体系。水资源工程的社会评价管理是公众参与水资源工程建设的过程。公众参与水资源工程指水资源工程的利益相关群体对项目全过程的参与,是建设方同公众之间的一种双向交流,其目的是使工程能够被公众充分认同,并在项目实施过程中不对公众利益构成危害或威胁,以取得经济效益、社会效益、环境效益的协调统一。公众参与的方式包括:公众问卷调查、咨询会、座谈会、个别访谈和听证会等几种形式。

3.1.1.2　水资源工程各阶段社会责任评价目的

(1)决策阶段社会责任评价目的。这一阶段的管理实质上是工程思维形成的过程,通过广泛而深入的调查研究、科学试验、设计论证,准确地认识自然和客观世界的方方面面,揭示事物的本质,在此基础上完成决策程序。这一阶段的管理在方法上必须坚持科学化和民主化的原则,广泛听取各类不同意见。在工程决策阶段,要解决工程建设中涉及的三个关键问题:为什么? 做什么? 怎么做? 通过对这三个问题的回答,确定了工程活动的目标、实现目标的手段、存在的不利和有利条件以及可能的结果。水资源工程建设涉及不同的利益主体,各个利益主体在工程活动中的目标追求是不同的;水资源工程建设会对原有的自然和社会环境产生双重效果,对于这种结果,各个主体的承受能力是不同的。

因此,在决策阶段,水资源工程社会责任评价的目的是:通过正确的决策程序和方法,形成正确的决策;通过对各方利益的协调,获得社会各界对工程建设的支持;最大限度地减少工程对社会和生态造成的不良影响。

(2)建设实施阶段社会责任评价目的。这一时期包括规划设计、组织调控、工程实施三个阶段。工程规划的目的是合理、有效地整合各种技术和非技术要素,对工程系统的组织环境和社会环境进行分析,根据分析结果制订目标工程战略设想与计划安排,并对每一步骤的时间、顺序和方法做出合理安排。工程设计是工程规划的具体化和定量化。工程活动过程是一个动态的建构过程,组织和调控是保证工程建构的整体质量和工程运行效率的重要一环。工程实施是一个从抽象到具体的实践过程,是一个人文与自然统一的过程。整个工程建设期就是要实现工程的质量、效率、效益和安全等综合因素的整体优化。水资源工程建设实施阶段是工程建设者之间具有良性互动的行动之网落实到工程整体之中,从而形成一种动态的协调的具体化人类社会活动。

因此,在建设实施阶段,水资源工程社会责任评价的目的是:实现工程进度、质量、成本和安全的整体优化;形成具有一定凝聚力和创新精神的工程组织团队;塑造体现"天人合一"的和谐思想的工程文化。

(3)运营维护阶段社会责任评价目的。工程经过建设构建出了一个新的工程存在物,工程运营维护过程是工程目标实现的关键环节。工程运营维护体现了工程效益的发挥、运行团队的素质、管理人员水平的高低、运行过程与周边环境的相容性等。水资源工程要实现可持续发展,达到与自然、社会的和谐状态,关键体现在工程的运营维护阶段。

因此,在运营维护阶段,水资源工程社会责任评价的目的是:按照"实践是检验真理唯一标准"的准则,对水资源工程的实际社会责任与决策阶段的社会责任进行对比分析,为今后水资源工程社会责任评价提供经验;实现安全、高效的运营,使水资源工程发挥最大的工程效益;实现工程效益的合理分配,体现建设和谐社会的要求,使利益相关者都能从工程效益中获得合理的收益。

3.1.1.3　水资源工程社会责任评价特点

从水资源工程社会责任评价的目的看,水资源工程社会责任评价具有以下特点:

(1)评价内容的复杂性。水资源工程社会责任评价的内容比较复杂。从前述内容可以看出,水资源工程社会责任评价涉及水资源工程与自然、水资源工程与社会、水资源工程与文化伦理以及水资源工程与人的发展关系,因此水资源工程社会责任评价的内容是复杂的,考虑的因素是多方面的。同时,由于水资源工程社会责任的阶段性,水资源工程社会责任评价也具有阶段性,不同阶段,评价的重点是不同的。

(2)评价的专业性。水资源工程社会责任评价内容复杂,涉及工程本身、自然、社会、人文等多方面,专业性较强,因此需要专业化的评级机构进行专业化的评价。目前我国在项目投资决策阶段实行了项目决策咨询评估制度,有专业的咨询机构对项目进行可行性评价,从而保证项目评价的科学性和客观性。为了保证水资源工程社会责任评价的客观和科学,必须引入独立的第三方咨询机构进行专业化的评价。

(3)政府组织,公众参与。水资源工程社会责任评价是一个社会评价过程。社会评价的主体包括个人、公众和权威三个层次,因此社会评价的层次包括个人评价、公众评价和权威评价(社会代表机构和专家)。水资源工程由于自身工程的特点,往往造成对某一地区,甚至全国范围深刻的社会影响,产生广泛而深远的社会效应。另外,根据《国务院关于投资体制改革的决定》(国发〔2004〕20号)规定,政府投资项目和非政府投资项目分别实行审批制、核准制和备案制。水资源工程主要实行审批制和核准制。因此,水资源工程社会责任评价应该是政府组织,公众参与。

3.1.2　水资源工程社会责任评价体系构成要素

工程项目的评价都遵循一个客观、循序渐进的基本程序,选用适宜的方法,根据评价内容设置一套科学的评价指标体系和评价数学模型(见图3-1),以全面反映工程项目从准备、决策、实施到运行全过程的实际状况。对水资源工程社会责任的评价同样是一个系统的过程,包括评价体制、评价模式、评价指标体系和评价数学模型。本章将结合水资源工程社会责任评价的目的和特点,详细论述水资源工程社会责任评价机制、评价模式和评价内容。

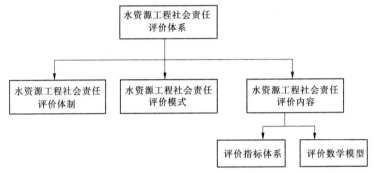

图3-1　水资源工程社会责任评价体系

3.2　水资源工程社会责任评价机制

作为评价行为的实施者,水资源工程社会责任评价者构成是与评价对象(水资源工程)密切相关的机构或团体,水资源工程社会责任主体是多元的,那么水资源工程社会责任评价者的构成也是多元的。多元化的评价者全面考虑了水资源工程社会责任各利益相关主体追求的目标,关注各利益相关主体的利益,有利于增强各相关方的社会责任感,充分调动各方面因素促进水资源工程社会责任的履行。水资源工程社会责任评价是一个社会化的评价过程,是公众参与水资源工程的过程。

从对水资源工程社会责任主体分析可以看出,水资源工程社会责任包含政府、涉水企业、社团的社会责任,是一个责任复合体,水资源工程社会责任的履行依赖于各主体社会责任的成功履行。水资源工程社会责任评价是一个社会化的评价过程。根据工程共同体理论,水资源工程是工程共同体进行有关水资源利用和开发的社会实践活动,体现着工程共同体不同的价值追求,水资源工程应该满足不同主体的价值诉求,这就是水资源工程社会责任的核心和灵魂。因此,水资源工程共同体是水资源工程社会责任评价的需求主体。他们需要从自身的角度出发,对水资源工程满足自身价值需求的程度进行评价。

水资源开发利用企业的主要目的是通过工程建设,促进企业的生存和发展,投资获得回报;政府的主要目的是促进社会发展、维护经济安全、保护生态环境、优化重大布局、保障公共利益、防止垄断等;工程建设者关心自己的经济利益和人身安全是否得到保障,能否在水资源工程建设过程中实现更高的人生价值;社区、公众主要关心水资源工程建设对他们的生活会带来什么样的影响。由于自身影响力、能力和占有资源的不同,这些需求主体在水资源工程社会责任评价中的地位是不同的。

3.2.1　政府机构——管理主体

3.2.1.1　我国水资源工程建设一直是政府主导型的活动

从投资主体上讲,政府投资一直是我国水资源工程建设投资的主体。从2007 年全社会水利固定资产投资(共 1 026.5 亿元)来源情况看,中央政府投资 341.7 亿元、地方政府投资 534.6 亿元、外资 8.7 亿元、国内贷款 86.2 亿元、企业和私人投资 31.1 亿、其他投资 24.2 亿元。政府投资的比例占到全社会水资源工程投资比例的 85%,并且比例还在增加。由此可见,我国水资源工程投资的主体是政府,因此政府是水资源工程最主要的债权人和所有者。

3.2.1.2　水资源工程建设的社会参与意识和参与能力薄弱

我国水资源工程建设地点大多位于偏远山区,而我国农村历史上民主观念不强,村民习惯了“听从”,对参与工程决策积极性不高。同时,水资源工程是一项复杂的工程,对公众参与者的工程素养提出了较高的要求,而公众受自身环境、利益、性别、年龄、职业等条件的限制,总体工程素养不高,对水资源工程知识缺乏基本的了解,决定了其参与作用的有限性,因而也不可能有效地参与项目的各个环节,参与的广度和深度必然有限。另外,社会上的专家群体往往从各自的专业领域对水资源工程进行相关专业的深入分析,比如水电专家主要侧重于水资源工程对于国家经济建设和能源安全的重要意义,简化了工程对生态和原住民的影响;环保专家强调工程对原有流域环境和生态的影响,忽视了工程的经济效益和民生作用;部分专家甚至超越自己的研究领域,在不同领域发表见解,片面强调工程的优点和缺点。不同的专业背景和关注点使得专家在进行工程评价、工程争论时,难以客观地对水资源工程进行评价,导致信息传递的片面性,从而使社会对水资源工程产生片面甚至错误的认识。

3.2.1.3　涉水企业对水资源工程社会责任缺乏重视

由于担心工程问题的社会化讨论会引发马拉松式的“论而不决”,从而导致工程建设的拖延,影响工程经济效益,甚至可能导致社会动荡和危及政局稳定,涉水企业不愿花较多经费和时间组织对水资源工程的社会化评价。例如在怒江开发争论中,涉水企业常常认为:"停工会造成企业收入少几亿元。建水电站受益最大的确实是企业,同时如项目不能开工,向怒江项目投入2 000万元勘测、设计费用就打水漂了。"由此看出,企业的管理者和工程师对工程建设缺乏正确认识,仅仅从专业技术角度去看工程,没有学会从哲学层面对水资源工程进行认识,这也说明在工程师当中加强工程哲学教育的重要性。另外,由于建设单位和政府在水资源工程建设中处于信息优势地位,受各种利益关系的影响,在向社会发布信息时往往避重就轻,甚至有误导现象,严重影响了社会意见的客观性。

3.2.1.4　水资源工程社会责任评价中政府的作用

综上所述,对于水资源工程社会责任的评价,是一个各方利益协调的过程,在这个过程中,水资源工程社会责任履行的好坏很大程度上取决于涉水企业工程社会责任的履行。在水资源工程社会责任履行中往往存在如下问题:

(1)由于水资源工程社会责任不是涉水企业法定的、自觉(自愿)的行为,涉水企业对水资源工程社会责任的认识就存在一定偏差,急功近利的思想使得企业对水资源工程社会责任的履行不太重视。

(2)由于一些条件的限制,社会舆论往往不能对水资源工程形成科学、客观的评价,造成对水资源工程相反的社会观点,要么是挺坝,要么是拆坝,造成社会舆论的混乱。

基于此,有必要推举一个评价的组织者作为管理主体,对水资源工程社会责任履行及其评价进行管理。政府——水资源工程利益相关者和社会管理者,理所当然成为水资源工程社会责任评价的管理主体,这也是政府的水资源工程社会责任的必然要求。政府介入水资源工程社会责任评价活动,一方面可以对那些不主动履行水资源工程社会责任的、损害社会公共利益的涉水企业进行一定程度的惩罚,约束涉水企业的工程行为,使它们符合社会的相关期望,在水资源工程建设中承担其相应的社会责任;另一方面,当涉水企业在水资源工程建设中发生不负责任的行为时,作为弱势群体的职工、社会公众以及环保组织只能依赖政府的支持,政府有责任采取一定的强制措施来维护社会公平与正义,因为政府的权威对不履行水资源工程社会责任的涉水企业往往具有强大的震慑力。政府作为管理主体,在水资源工程社会责任评价中,可以推进社会参与水资源工程社会责任评价。首先,建立健全水资源工程社会参与的法律、法规,明确水资源工程建设是一个有关利益各方在平衡和自由的平台上展开对话、协商与谈判达成妥协的过程,对违反法律、不征求社会意见,或者不吸收社会参与水资源工程管理的行为应该承担法律责任。其次,参与权的实现还需要明确社会参与水资源工程项目的内容、程序和方法,完善信访制度、举报制度和质询制度在有关法律法规中的作用,避免形式化,将社会参与落到实处。

3.2.2　社团组织——参与主体

3.2.2.1　水资源工程核心价值

　　水资源工程共同体是一个价值主体多元化、价值取向多极化、价值差别明显化的异质共同体,水资源工程是共同体价值协调和博弈的过程和结果。在建设和谐社会、人水和谐的理念下,水资源工程要体现工程和谐的理念,在工程建设中形成一套整合不同价值关系的整合机制,从而形成一个共同的核心价值——在公平的前提下,以最优的资源配置有效地实现水资源工程共同体的需求。这种核心价值是水资源工程共同体共同协商得到的结果,在这个核心价值的指导下,在实现公平的前提下,实现水资源的优化配置。在这个过程中,除政府和企业外,作为水资源工程的受影响者——社会公众是重要的第三方。在政府、企业、社会公众三者中,政府和企业属于强势集团,社会公众往往处于弱势地位。从根本上说,我国是社会主义国家,是人民当家作主的国家,国家利益、集体利益和个人利益在本质上是一致的。但由于我国现在正处在一个社会转型过程中,在这个转型期,我国各阶层之间利益分化显著,利益矛盾和冲突日渐突出,不利于和谐社会的建设和发展。这种利益分化和冲突在水资源工程建设中表现得尤为明显。在水资源工程建设中,移民和企业员工作为社会公众中受水资源工程建设直接影响的社会群体,由于自身缺乏相应的社会资源、经济资源、组织资源和交流机制,往往难以表达和维护自身的工程价值诉求。在这种情况下,社团组织可以成为整合社会群体力量、反映公众价值诉求、化解社会矛盾的一支重要力量,成为沟通政府和社会个体的重要媒介和缓冲地带。

3.2.2.2　社团组织的作用

　　作为水资源工程社会责任评价的参与主体,相对于水资源工程的个人参与,社团组织参与是一种更为有效的组织形式。

　　(1)社会监督。社团组织在水资源工程建设中,可以充分发挥维护公民权利和监督政府权利的作用。在我国,水资源工程一直由政府独立承担,其他社会主体关于水资源工程的认知的、文化的、决策结构的以及政治的反映,长期建立在一切依靠政府的工程文化形态上。政府掌控着工程建设权责的分配、资源的占有,以及话语权的掌握等,包括水资源工程行政的、立法的、司法的、政治的和管理机构的设定等方面。对于其他多元利益主体来说,由于政治和社会的支撑不足,以及非政府主体数量大、分布广和需求差异大等,难以形成有效的价值诉求的动力机制。因此,在缺乏激励,缺乏信息、资源和组织平台等有效支撑的情况下,水资源工程的社会参与往往是参与不足或参与不当,导致各方的社会冲突。工程的社会参与过程没有形成一种良好的沟通协商的连续互动机制,在大多数过程中,政府有关部门将参与者的意见和建议收集上来,缺乏对参与者意见和建议的落实机制,使社会参与的真正目的没有实现,而且使参与者的积极性受到打击。另外,对公众反馈意见的处理存在报喜不报忧的心理状态,出于尽快实现项目上马的目的,有关管理机构对于有利于项目获得审批的正面的意见和建议关注度高,而对反映问题、不利于项目审批的意见束之高阁,甚至给予剔除。在水资源工程决策中长期形成的政府"长官意志"及我国水资源工程建设的传统的集权式制度,影响了社会参与工程的有效性。

(2)力量整合。社团组织可以将个人和群体零星、散乱的力量和资源进行有效地集中整合,形成对水资源工程某种价值诉求的共同性,从而在水资源工程建设中实现"1+1＞2"的组织功能。法国学者托克维尔曾经这样描述社团组织在社会民主中发挥的作用,"社会公民是不能够仅仅凭借自身的力量在社会中做出一番事业……人只有在相互影响下,才能发挥自己的才智"。[128]社团组织通过自身的社会关系,将社会各领域的专家、群众松散地结合在一起,这个结合的过程中,充满了不同知识结构、思维模式和行为特点的碰撞,从而可以通过相互的补充和渗透,寻求解决社会问题的合理方法,实现社会力量的整合。

(3)社会表达。社团组织具有更有效的公众意见的表达功能。社团组织比政府更能接近水资源工程中各类弱势群体和边缘群体,如原住民等,为这些成员参与同他们切身利益相关的工程决策和工程价值分配提供现实渠道。特别是当公民个人作为分散的个体,孤立地面对水资源工程建设给他带来的问题时,他更需要团体力量的支持,更需要社会团体的意见表达与呼吁,因为组织的意见表达效果往往强于个体。这种社会个体与政府、企业的协商由于社团组织的参与,可以使"碎片化"的社会个体的工程价值诉求整合成为有组织的整体力量,增强协商的主动性和有效性,弥补了政府和市场的不足,增进了社会福利和公正。

(4)社会沟通。社团组织,特别是相关的工程师社团组织,在社会民众与工程界、企业界及政府之间发挥着重要的沟通作用。工程师社团能够联系工程师团体,协调组织学术交流、学术会议、科技政策咨询等活动,又能够深入到广大的社会民众中间,进行水资源工程技术知识的普及、传播以及技术技能的培训和沟通,反映和表达基层民众对水资源工程知识和素养的基本需求,影响政府工程管理部门的政策和计划,让社会公众了解和支持水资源工程的建设,正确看待水资源工程建设带来的有关问题,如环境污染、贫困、工程伦理道德问题。

3.2.3　评级机构——评价主体

利益相关者社团和政府作为水资源工程社会责任评价的参与主体和管理主体,并不能直接对水资源工程社会责任状态进行评价,水资源工程社会责任评价需要专门的技术和知识,必须由专业的评价机构进行操作。利益相关群体没有这方面的能力,政府作为管理主体,为了保证评价的独立、客观和科学性,可以委托社会专业机构对水资源工程社会责任进行专业评估。另外,水资源工程社会责任评价结果的客观合理与否关乎相关单位和个人的切身利益,甚至对社会经济活动产生重大影响,关系社会公共利益和人民财产安全。为了节省成本,实现整个社会资源配置的最优化,水资源工程社会责任评价将会愈来愈多地委托给社会专门的评价机构进行。

3.3　水资源工程社会责任评价方式

水资源工程社会责任评价制度可以采用目前我国常用的听证制度的形式,听证制度在我国已经有了一定法律基础和实践经验。水利部 2006 年 5 月24 日颁布了《水行政许可听证规定》,可以借鉴利用其中的有关规定,进行水资源工程社会责任评价听证制度的设计。水资源工程审批机关组织听证会,适用本规定。法律、法规、规章另有规定的,从其规定。听证应当遵循合法、公开、公平、公正和便民的原则,充分听取公民、法人和其他组织的意见,保障其陈述、申辩和质证的权利。

3.3.1　听证当事人

听证主持人、其他听证工作人员由水资源工程审批机关的人员担任,负责听证的主持、记录等组织工作。听证参加人包括水资源工程社会责任评级机构、水资源工程利害关系人及其代表人,如工会代表、村民代表、环保组织代表、专家代表等。

水资源工程审批机关应当在举行水资源工程社会责任报告听证会二十日前,通过报纸、网络向社会公众通告听证的内容以及听证参与人的报名程序及产生方式,为了保证有效性,这个期限不能够少于 5 天;期限届满后,审批机关应该依据公平、公正和公开的基本原则,在兼顾水资源工程利益相关群体的合法权益下,从中确定听证会的参与人,听证参与人一般不超过 20 名。

将专业评级机构的水资源工程社会责任评价报告(初稿)和相关的水资源工程资料发放给所有社团代表人,以便代表人充分了解水资源工程的情况,对评级机构的评价报告进行研究。

水资源工程审批机关应当在举行听证的七日前将举行听证的时间、地点、听证主持人和其他听证工作人员名单通知听证参加人。水资源工程审批机关应当在举行听证的三日前向社会公告,公民、法人或者其他组织的代表持居民身份证可以旁听。

3.3.2　听证程序

(1)听证主持人宣布听证的有关注意事项和听证纪律。

(2)听证主持人对听证参与人的身份进行认真核实,将其具有的相应权利和义务告知听证参与人。

(3)专业评价机构进行水资源工程社会责任评价报告(初稿)的介绍,主要是各指标计算的依据、数据资料的来源、指标计算结果。

(4)听证代表人对专业评价机构的报告进行讨论,提出修改建议,核实指标计算结果的真实性和可靠性。

(5)听证人对水资源工程社会责任评价报告进行综合评价。

(6)听证主持人宣布听证结束。

听证应当制作笔录。听证结束前,应当向听证参加人宣读听证笔录或者交其阅读。

3.3.3　水资源工程社会责任报告

水资源工程审批机关根据听证结果委托第三方专业机构编制水资源工程社会责任报告,并向社会公告。水资源工程社会责任报告的编制可以借鉴企业社会责任报告的编制形式和内容。报告内容包括水资源工程概况、水资源工程社会责任评价指标的数据资料及计算程序和结果、水资源工程社会责任的评价结果等。

3.3.4　水资源工程社会责任评价经费和次数

（1）经费来源。在初步设计概算时，按总概算第一类费用的 0.2% ~ 0.3%计列，大中型项目可以按照 0.2% ~ 1.5% 计列，小型项目可以按照 1.5% ~3% 计列。

（2）次数的确定。评价的频率可以根据工程的建设进度、工程规模大小灵活设置，组织若干次评价，如可研报告审批前 1 次、工程建设过程中根据形象进度组织若干次、水资源工程交付使用时 1 次和水资源工程后评价时 1 次。评价内容可以根据工程具体所处阶段，结合评价指标体系进行规定。

3.4　水资源工程社会责任评价内容

按照水资源工程社会责任的工作定义，水资源工程活动涉及工程系统、社会系统和生态系统。水资源工程社会责任就是要在水资源工程活动中协调人与人、人与自然之间的关系。因此，可以将水资源工程社会责任划分为五个方面。

水资源工程是人类社会劳动的结果，作为人类一般的无差别劳动，水资源工程最基本的社会责任包括经济责任和技术责任。技术责任是水资源工程的技术内核构成的，是水资源工程的物质构成基础，水资源工程技术责任是指水资源工程必须是具有一定结构构成的和一定质量特性的功能体，技术责任是水资源工程自然属性特点的反映。水资源工程活动通过人类的劳动将自然资源、社会资源转变为水资源工程，是劳动时间消耗和资源消耗统一的过程，体现了水资源工程的经济责任。

从水资源工程与生态系统的关系看，体现着水资源工程的生态责任。水资源工程是人工存在物，具有时间和空间的规定，时间规定着水资源工程的寿命周期，空间规定着水资源工程的地理位置。水资源工程是时间和空间的统一体。因此，水资源工程开工后，就成为工程所在地生态系统的组成部分。从开工到拆除的寿命周期，水资源工程与生态系统之间进行着能量和物质的交换。在这种交换过程中，生态系统实现着动态的平衡。如果生态系统不能达到新的平衡而崩溃，那么水资源工程也就失去了存在的价值和意义了。

社会系统包括有形和无形两种形式，有形的社会指人群的外在存在形式，无形的社会指人的精神需求。从水资源工程与社会系统的关系看，体现着水资源工程的社区责任和人文责任。水资源工程与社会系统之间存在着物质和能量的交换,如人流、信息流、工作流等。在这种交换过程中,社会系统实现着动态的平衡。水资源工程的社区责任是水资源工程社会属性的要求。失去社区责任,水资源工程就失去了社会属性,水资源工程也就不能生存。由于是人类的社会活动,水资源工程具有主观性。从时间先后来看,水资源工程的形态经历了思维形态—符号形态—实物形态的一个过程,水资源工程是人类思维的产物,在这个过程中,水资源工程包含了人的精神追求。

综上所述,水资源工程社会责任评价内容包括技术方面、经济方面、生态方面、社区方面、人文方面(见图3-2)。水资源工程社会责任的意义就在于实现水资源工程的和谐。

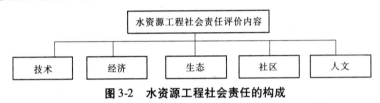

图3-2　水资源工程社会责任的构成

3.4.1　工程与技术

在以建造为核心的现代工程中,科学是必不可少的理论基础和原则。水资源工程必须遵循科学理论的指导,符合科学的基本原则和定律,必须和已经验证的科学理论不矛盾,凡是背离科学理论的水资源工程必然导致失败。在水资源工程的建设中,必须依赖如水力学、水文学、水工学、生物学、项目管理学等基础学科理论的支撑。技术是工程活动的基本要素,任何一项技术都以基本的科学原理为前提。水资源工程是技术的集成和优化,水资源工程中的技术是一种手段性活动,是为了获得具有一定功能和质量的水资源工程。水资源工程中的技术进步和技术创新促进了水资源工程的发展。利用水力发电机组把丰富的水的势能转变为电能;利用钢筋混凝土建设起高坝大库,人工调节水的流量;利用现代经济学方法对技术经济方案进行评价;利用计算机模拟技术全面安排水资源工程的建设;利用缩微模型评价区域性水资源;利用光弹模型分析和设计水工结构;利用渗灌等节省灌溉用水;利用遥感、超声波等手段分析、鉴定大型工程的水文地质及工程地质情况等。在工程建设中,21世纪的水资源工程越来越具有大型化、综合化、跨流域、多目标等特点。

3.4.2　工程与经济

水资源工程是创造人工物的实践活动,其结果直接形成了物质财富,水资源工程建设是形成固定资产的过程。因此,水资源工程就是商品。一切商品价值都是凝结在商品中的社会必要劳动时间。商品的生产过程是劳动过程和价值形成过程的统一。商品的劳动过程有三个要素,即人的劳动、劳动对象和劳动资料。后两个要素被称为生产资料,都是劳动者过去创造的商品,在新的商品中起着物质基础的作用并由劳动者把其价值转移到新的商品价值中去。将这些通过生产资料消耗转移到新产品中来的这部分价值,称为物化劳动价值,劳动者在运用生产资料进行商品生产过程中,除转移了生产资料的价值外,还创造了新的价值。新价值包括两部分:一部分是劳动者为自己创造的价值,即个人报酬;另一部分为剩余劳动,是劳动者为社会创造的价值,即盈利。所以,与社会必要的物化劳动消耗和活劳动消耗相适应,商品的价值由三部分组成:在投资过程中所消耗的生产资料的价值,即劳动或物化劳动的消耗形成的价值,通常用 C 表示;劳动者为自己创造的价值,用 V 表示,即国家以工资形式支付给劳动者的报酬;劳动者为社会创造的价值,用 m 表示,后两部分为活劳动创造的价值。商品的价值 $= C + V + m$。因此,水资源工程的经济责任体现在微观的水资源工程自身的经济价值和宏观的水资源工程对社会的经济价值(见图 3-3)。

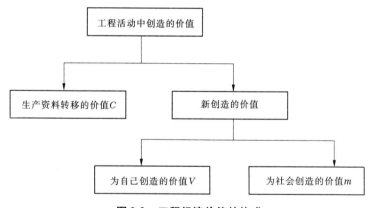

图 3-3　工程经济价值的构成

3.4.3　工程与生态

　　水资源工程的生态责任体现了水资源工程活动中人与自然生态的某种关系,它的基本要求就是水资源工程活动必须符合自然法则的规律、与生态环境保持和谐发展。从整个自然界的角度看,水资源工程活动是人类社会通过工程与生态系统进行能量和物质交换的过程,这种交换过程必然打破生态系统原有的平衡,生态系统依靠自身的调节机制,会在一种新的状态下实现一种新的平衡,这种新的状态就是加入了水资源工程活动这种人类活动的人工生态状态。只有在这种状态下,人类社会系统、工程系统和生态系统才能和谐共生。如果人类的水资源工程活动超出生态系统调节机制的能力,使生态系统的新平衡不能实现,那么人类社会系统、水资源工程系统和生态系统将不能和谐共生,而是共同走向系统崩溃。在水资源工程建设中,应该坚持自然价值论,承认水资源是有价值的,在水资源工程建设中,从传统水工学向生态水工学转变,实现水资源工程与生态的合二为一,使每一个水资源工程都能成为"都江堰";在保护生态环境的基础上合理利用水资源,实现水生态环境的优化和循环;通过水资源工程建设实现水生态再造。水资源工程建设不仅要满足人的物质需求和精神需求,实现人的自由,而且还要满足自然生态需求,实现工程系统、社会系统和自然系统的可持续发展。

3.4.4　工程与社区

　　社会的含义是广义的。广义的社会含义包括经济维度、体制维度、政治维度、社会生活维度、人际关系维度、社会文化维度、社会心理维度、伦理维度等,狭义的社会含义仅仅特指社会生活、民众、社区等方面的内容。这里的社会取狭义的含义。水资源工程的社会价值体现在水资源工程是社会建构的过程,水资源工程的建设是一个社会化的过程,水资源工程的建设打破了社会系统原有的平衡,因此人们在工程建设过程中必须使社会系统从不平衡走向平衡,这个过程充满了工程共同体之间利益的冲突与协调,是社会选择的结果。水资源工程的社区责任就在于协调工程共同体之间利益冲突,最大限度地满足各方的价值需求,在矛盾中求得社会价值的协调,从而达到社会系统新的平衡点。这种过程是工程共同体之间通过竞争—协作的方式得以实现的。如在水资源工程建设中,投资者与移民之间对水资源的竞争和争夺,这是异类主体间的竞争;承包商与承包商之间对工程建设任务的竞争、投资者与投资者之间对水资源开发权的竞争,这是同类主体间的竞争;投资者对移民的补偿、移民对投资者的支持,这是异类主体间的协作;工程项目都是有工期和成本限制的,特别是水资源工程建设,其复杂程度可想而知,需要工程承包商、投资者、设计承包商、监理承包商和材料供应商之间共同协作,才能实现工程的目标。

3.4.5　工程与人文

水资源工程的人文责任首先体现在水资源工程建设要坚持以人为本的工程理念和文化,把解决民生问题放在更加突出的位置。对于水资源工程而言,就是要实现工程水利观念向民生水利观念的转变,将水资源工程的建设重点放在公众利益的实现上:农村饮水工程的建设、病险水库的加固与维护、节水技术的推广与应用、农村水利水电的合理开发、城乡水环境的整治、水利移民补偿法规制度的完善。以人为本中的"人",是包含不同利益诉求的群体。以人为本就是要协调不同工程利益相关者间的利益关系,不可能面面俱到,人人满意就是人人不满意,应该优先满足大多数人的根本利益,适当照顾少数人的利益,努力寻求和实现在一定边界条件下集成和优化。然而,在现实工程实践中,却往往看到许多违背以人为本这一理念的工程现象,如"形象工程""献礼工程""政绩工程""富官工程"等。水资源工程活动中以人为本理念的缺乏,其根本原因在于工程文化建设的缺位。

水资源工程的人文责任也体现在工程是有伦理维度的。水资源工程在给人类带来福祉的同时,也给人类带来了忧患,这也进一步突出了水资源工程的伦理内核,表明伦理在水资源工程活动中的定向和调节作用。从本质上讲,水资源工程应该是真善美的统一。所谓"真",是指水资源工程的科学性,水资源工程是理性思考和实践的结果,水资源工程建设者应该实事求是,坚持真理,保证工程设计和实施的高质量;所谓"善",是指水资源工程的人性化,水资源工程是为人类的整体利益服务的;所谓"美",是指水资源工程的生态化,水资源工程在为人类服务时,应该保持、利用和维护自然美、生态美。由于水资源工程对社会和生态的影响巨大,水资源工程伦理在水资源工程建设中的作用尤其重要,水资源工程的善与恶不是工程本身的问题,问题的关键是建设者的伦理道德和价值观。水资源工程伦理的基本原则包括:公平原则、责任分担原则、安全和避险原则、利益补偿原则。

3.4.6　结论

水资源工程社会责任是一个责任系统,根据水资源工程与社会系统、自然系统的关系,可以将水资源工程社会责任分为五大责任,即工程的技术责任、工程的经济责任、工程的生态责任、工程的社区责任、工程的人文责任。水资源工程社会责任的目的是使在水资源工程活动中,人与人、人与社会、人与水之间的关系处于协调、平衡状态,从而实现水资源工程和谐。

3.5　本章小结

　　本章构建了水资源工程社会责任评价体系的基本框架,包括在水资源工程社会责任理论定义基础上建立的评价者构成和在水资源工程工作定义基础上建立的评价内容。

　　本章根据水资源工程社会责任主体的构成及其地位,研究了水资源工程社会责任评价者的构成,建立了水资源工程社会责任评价者构成的三重观:政府、社团组织和专业评级机构,并设计了类似于听证形式的水资源工程社会责任评价制度。

　　本章简述了水资源工程社会责任包含的内容,指出水资源工程社会责任评价内容包括水资源工程的技术方面、经济方面、生态方面、社区方面和人文方面。其中,技术方面和经济方面是核心,保证把水资源工程做"好";生态方面和社区方面是基础;人文方面是延伸,保证水资源工程是"好"的工程。

第 4 章　水资源工程社会责任评价指标

4.1　水资源工程社会责任评价指标构建
思想和原则

4.1.1　指导思想

关于水资源工程的评价,已经有了较为成熟的经济评价、环境评价和社会评价,建立了较为完善的评价指标体系。水资源工程社会责任评价是关于水资源工程的评价,因此它与水资源工程的经济评价、环境评价和社会评价既有联系,又有区别。水资源工程社会责任评价不能完全脱离已有的水资源工程评价,建立一套全新的指标体系,其指标的选择和建立需要继承原有的评价指标体系,从而使其具有继承性。当然,水资源工程社会责任评价不同于前三者的地方在于增加了对水资源工程人文性和公众参与的评价指标;从经济、环境和社会评价指标体系中挑选的指标突出简明易懂性。

4.1.2　构建原则

水资源工程社会责任指标体系的设置,要考虑到水资源工程社会责任的特点、水资源工程社会责任的评价主体构成以及水资源工程社会责任基本内容的要求。参考企业社会责任指标体系和其他相关领域的评价指标体系的构建原则,水资源工程社会责任指标体系构建要符合以下几点原则:

(1)系统性原则。从系统、整体的角度全面衡量与选取相关指标,所选指标要充分反映水资源工程社会责任的全貌,反映工程决策、建设实施、运营维护全过程社会责任的情况。应考虑指标间的相互关联性和独立性,评价指标要构成互有内在联系的若干组、若干层次的指标体系。指标的选择要具有典型性、完备性和高度的概括性。

(2)科学性原则。指标体系一定要建立在科学基础之上,概念明确,具备一定的内涵,能够客观、真实地反映水资源工程社会责任系统的内涵。水资源工程社会责任内容涵盖了工程与经济、工程与技术、工程与生态、工程与社会和工程与人文五个方面,更强调社会责任的社会性和人文性。对于技术、经济、生态方面,可定量化的因素比较多,但是由于水资源工程的技术复杂程度大,还是需要设置一些定性指标,才能给予准确描述,如水资源工程的防灾性能、补偿政策的完善程度等。另外,社会性和人文性指标一般难以设置定量指标,要用定性指标代替。当然,能采用定量指标的还是采用定量指标。

(3)阶段性原则。水资源工程社会责任具有动态性,不同的阶段其评价重点是不同的。因此,水资源工程社会责任评价指标要分阶段设置,做到重点突出。一般情况下,水资源工程社会责任分为决策阶段、建设实施阶段和运营维护阶段。

(4)简明性原则。选择具有代表性、能够准确清楚地反映水资源工程社会责任内涵的指标。由于水资源工程社会责任评价坚持专业机构评价与公众参与评价相结合的原则,因此为了便于公众的理解,指标设置不能太过专业,要考虑指标的通俗性和可理解性,这样便于公众参与水资源工程社会责任评价和水资源工程社会责任报告的编写和颁布。

(5)可度量原则。设立的指标变量应充分考虑数据采集获取及其指标量化的难易程度,指标数据必须在现实生活中是可以测量得到的或可通过科学方法聚合生成的,尽量使用现有统计资料及有关规范标准,统计口径尽量与现行的计划口径、统计口径、会计核算口径一致,各项评价指标的计算方法及其数据能够标准化、规范化。

4.2　水资源工程社会责任评价指标构建方法

4.2.1　常用方法

指标体系构建的过程包括指标体系框架的构建和指标筛选两个阶段,即指标初选和指标完善两个过程。通常采用如下三种方法:

(1)专家咨询法,又称调查研究法。这种方法通过广泛的调研,收集相关的指标,然后对这些指标进行比较归纳和分类,从而设计出初步的指标体系,最后在此基础上,进行广泛的专家问卷调查,进行指标的筛选,建立最终的指标体系。

（2）目标分解法，就是通过对评价客体的目的或任务的具体分析来建立相应的评价指标体系，对评价对象进行由上到下、由整体到部分的逐层分解，一般是从总目标出发，按照评价内容的组成进行逐次分解，直到评价对象的每一部分都可以用具体的统计指标来描述。

（3）多元分析法，是一种对多指标变量体系进行统计分析的方法。为了确保指标系统的完整和全面，首先对各个指标变量进行单因素分析，再考虑到这些变量间的相关性，进行指标变量间的关联性分析，从而形成对系统所具有特性的综合、全面的评价。

4.2.2　水资源工程社会责任评价指标体系确立方法

在水资源工程社会责任评价指标体系的构建中，采用专家咨询法和理论分析法。首先根据前述的理论分析，以现有的有关水利工程评价的相关规范为基础，如《水利水电工程施工质量检验与评定规程》（SL 176—2007）、《水利建设项目经济评价规范》（SL 72—2013）、《水利建设项目社会评价指南》、《水利建设项目后评价理论与方法》，结合相关领域研究成果，初步构建评价指标体系。然后通过专家咨询法进行指标调整，最终建立评价指标体系，可按下列步骤进行：

设某子指标集合有 m 个因素，请 n 个专家进行评议。设 W_{ij} 为第 i 个因素第 j 级重要程度值，一般取 $j = 1$、2、3，分别表示重要、一般、不重要，n_{ij} 为对因素 i 评为 j 级重要程度的专家人数。

（1）第 i 个因素专家意见的重要程度：

$$\overline{W_i} = \frac{1}{n} \sum_{j=1}^{3} W_{ij} n_{ij} \tag{4-1}$$

（2）专家对第 i 个因素重要程度评价的分散程度，用标准差 δ_i 表示：

$$\delta_i = \sqrt{\frac{1}{n-1} \sum_{j=1}^{3} n_{ij} (W_{ij} - \overline{W_i})^2} \tag{4-2}$$

当 $\delta_i > 2/3$ 时，说明专家意见分散，需要重新进行咨询。

（3）专家意见协调度，用变异系数 V_i 表示：

$$V_i = \frac{\delta_i}{\overline{W_i}} \tag{4-3}$$

通过以上咨询，当某个因素指标满足上述要求时，此因素指标保留，从而确定评价指标体系。

4.3　水资源工程技术责任

4.3.1　水资源工程与技术

4.3.1.1　水资源工程技术

　　技术是人类能动地改造自然的知识方法、实物手段及活动过程的总和,其活动的结果创造出满足人类存在与发展的人工物品。技术包括三类集合:知识的集合(包括工程知识、工艺方法、程序知识、诀窍、技能等);活动的集合(包括发明、研究与开发、操作、实施、生产等)和人造物的集合(包括工具、复杂的装备系统、人工物产品等)[129]。技术是水资源工程的基本要素,具有个别性、局部性、多样性、差别性、不可分割性等特点。

　　水资源工程是集成构建新的存在物的活动和成果,是不同形态的各种技术要素(核心技术和外围支撑技术)围绕着某一水资源工程的整体目标进行优化组合的动态过程,通过竞争—协作方式体现出作为统一体的水资源工程的结构和功能在一定条件下的相对稳定性。技术是水资源工程物性价值的体现,直接目标是水资源工程的质量和功能,为了实现具体水资源工程的质量和功能,各种技术要素之间会产生竞争—协作关系。竞争表现在:就某项水资源工程而言,可以应用的技术有多种,要通过技术评价进行技术选择,这种选择从全局来考虑、从多方面影响来考虑,所选的技术应该是合理的,满足水资源工程质量的可靠性、耐久性、先进性、经济性的要求。协作表现在:某项水资源工程功能实现,往往是若干技术的协作和共同作用,功能的形成是核心技术和外围支撑技术的协同结果,确保各项技术紧紧围绕工程的整体目标,发挥最合理、最充分的作用。

4.3.1.2　水资源工程创新

　　创新就是在生产体系中引入生产要素的新组合。水资源工程本身就意味着创新,世界上没有两项完全相同的水资源工程,没有创新,就没有水资源工程。在一项水资源工程从决策、建设实施到运营维护的过程中,每个环节和每个因素都经常发生或大或小的、或全局性或局部性的创新。水资源工程创新是人类利用物理制品对周围世界进行重建的过程,是一个包括问题界定、解决方案的提出和筛选、工程试验和评估、实施和运行等环节的知识与社会力量的物质化过程。正是通过这个过程,技术因素、社会因素和环境因素等彼此关联而成为一个复杂系统[130]。水资源工程是多种要素的集合,水资源工程创新是多方面的,是各种要素创新的集成。水资源工程创新的动力来源于水资源工程活动中的不和谐,水资源工程创新的目标是实现工程新的和谐,水资源工程和谐状态是一个动态的状态,是一个伴随工程活动进展的"和谐—不和谐—新的和谐"的螺旋上升式的过程。水资源工程创新的过程是一个资源和能量流动的过程,水资源工程创新需要各种资源,特别是资本的投入,没有资本的投入,水资源工程创新无从谈起。水资源工程创新的结果就是某种新技术、新制度、新产品在工程中的应用,在市场经济条件下,应用的范围越广,创新成果的生命力越强。

4.3.2　指标设置

4.3.2.1　工程技术

(1)工程质量。工程质量是工程的生命,是建设项目成败的关键,质量第一永远是工程建设的第一目标,特别是对水资源工程来说,更是千年大计。例如,大型水电工程一般在大江大河上修建,受洪水等自然因素的影响大,如果大坝因质量问题出现破坏,会对中下游人民生命财产造成巨大威胁,甚至会产生灾难性后果;如果工程质量好,就会使国家经济实力增强,也会给人民生活带来实惠和利益。同时,工程共同体各自的利益都和工程质量有关,如果工程质量不好,不仅给投资者带来损失,造成社会性损失和浪费,也会给各工程参建方带来利益和声誉上的损失。因此,建设优质工程、保证工程质量,是工程共同体对国家和社会应尽的责任和义务。根据《水利水电工程施工质量检验与评定规程》(SL 176—2007)规定,水资源工程质量分为优良和合格两种标准,见表4-1。设置指标:工程质量优良率。

$$工程质量优良率 = \frac{单位工程质量优良品数量}{验收的单位工程数量} \times 100\%$$

表 4-1　单位工程质量评定标准

质量标准	要求	
	分部工程质量	外观质量得分率
优良	70%以上达到优良等级	>85%
合格	全部合格	>70%

(2)工程安全。根据《水利工程质量事故处理暂行规定》,工程质量事故是指在水资源工程建设过程中,由于建设管理、监理、勘测、设计、咨询、施工、

材料、设备等造成工程质量不符合规程规范和合同规定的质量标准,影响使用寿命和对工程安全运行造成隐患和危害的事件。工程如发生质量事故,往往造成停工、返工,甚至影响正常使用,有的质量事故会不断发展恶化,导致建筑物倒塌,并造成重大人身伤亡事故。水资源工程质量事故分类标准见表4-2。无论是在施工中,还是在运营中,都要尽量避免事故发生,工程事故反映了工程技术的稳定性和可靠性。设置指标:工程事故损失额。

表4-2　水资源工程质量事故分类标准

损失情况		事故类别			
		特大质量事故	重大质量事故	较大质量事故	一般质量事故
事故处理所需的物质、器材和设备、人工等直接损失费用(人民币:万元)	大体积混凝土、金属结构制作和机电安装工程	>3 000	>500,≤3 000	>100,≤500	>20,≤100
	土石方工程,混凝土薄壁工程	>1 000	>100,≤1 000	>30,≤100	>10,≤30
事故处理所需合理工期(月)		>6	>3,≤6	>1,≤3	≤1
事故处理后对工程功能和寿命影响		影响工程正常使用,需限制运行	不影响正常使用,但对工程寿命有较大影响	不影响正常使用,但对工程寿命有一定影响	不影响正常使用和工程寿命

(3)工程功能。水资源工程的功能体现着工程的工具性价值,是水资源工程满足使用目的的各种性能,是工程活动最直接的目的,包括防灾和兴利两个大的方面。水资源工程除害兴利的功能包括防洪、治涝、灌溉、供水、发电、航运、水土保持等。某一项水资源工程往往具有以上若干功能,每项功能往往可以设置相应的量化指标进行评价。考虑到水资源工程功能的多样性和功能之间的组合性,设置定性评价指标:除害能力,由专家根据水资源工程各项功能相关数据进行定性评价。

(4)工程可靠性。水资源工程必须具有稳定的结构以及抵抗外部破坏的能力,例如防火、防震、防袭击的功能。在我国,1975 年 8 月因暴雨洪水造成板桥水库、石漫滩水库的溃决,造成巨大的灾害;在国外,意大利的瓦依昂水坝的溃决,都是人类惨痛的教训。水坝工程的损毁造成的次生扩大性灾害远高于其他人工建筑物。水坝工程损毁的可能性来自人为和自然两个方面。自然因素造成大坝的损毁,其根本原因也是来自于人类对大自然的认识不足。如工程设计建设的失误,在运行过程中遭遇恶劣的自然环境,如暴雨洪水、地质地震超过了设计洪水标准,造成水坝工程的溃决失事。这就需要人们对自然界有充分的认识,用现代科学技术建设水坝工程,严格遵守积累了人类建坝历史经验的、经国家批准的规范标准,是完全可以避免水坝损毁事故发生的。就以三峡工程的防洪标准为例,考虑到工程的重要性,以长江千年一遇的洪水流量 98 800 m^3/s 为大坝的设计洪水标准,又以万年一遇的洪水再加 10% 洪水流量 124 300 m^3/s 为大坝的校核洪水标准,即在自然界出现千年一遇大洪水时,三峡工程仍能正常运行,出现万年一遇再加 10% 的特大洪水时三峡大坝是安全的,以此洪水概率确保大坝的安全。设置指标:防灾能力。

(5)水资源工程外在形象。正如企业有企业形象,水资源工程也有工程形象,水资源工程形象就是水资源工程的外在美。审美价值是人类文化发展史中的多元结晶,是一个时代科学水平、文化层次、生产方式等诸多成果的综合展示。水资源工程外在美体现在水资源工程自身的美与水资源工程外化的美。水资源工程自身的美是其内部组成结构的协调,是工程自身内部结构的秩序性和紧密性的体现,这是工程结构设计和建筑设计的要求,表现为各组成部分的功能与规模、比例与尺度、色彩与质感、个体与整体之间的协调与均衡。水资源工程外化的美体现在水资源工程与自然环境、人文环境的协调,是山、水、水资源工程的序结构,是形、光、声、色的最优配置,水资源工程是对原有自然环境与人文环境的改变,打破了生态系统原有的平衡美,从系统平衡恢复的角度出发,要把景观建设与水资源工程建设有机结合起来,赋予具有地方特色的文化内涵。传统水利时代的“不垮不漏,流量过够”的设计标准,已经不符合现代水利的要求,在水工设计中,除结构设计、建筑设计外,还应增设景观设计[131]。设置指标:工程结构的合理性。

4.3.2.2　水资源工程创新

(1)创新水平。水资源工程就是创造一个不存在的人工物,水资源工程本身就是创新,创新是水资源工程的灵魂和发展的动力。通过技术、管理、制度创新,我国传统水资源工程建设与管理水平得到了极大的提高。在技术方面,加强黄河调水调沙、小北干流放淤等重大科学试验和研究,积极推广使用堤防防渗加固、隐患探测、全断面岩石掘进机技术、盾构技术、超大型预冷强制式混凝土拌和楼等新技术、新材料、新工艺;在管理上和制度上进行创新,使水资源工程管理和制度运行,适应计划经济与市场经济相结合的环境,在传统计划模式中,引进市场要素,采用诸如总承包模式、招标投标制度、BOT 融资模式、工程监理制度以及管养分离模式,调动各方积极因素,提升水资源工程的管理水平。"十五"以来,水利系统共完成国家和省部级科技项目 600 余项,其中 33 项达到国际领先水平,165 项达到国际先进水平,获得国家级科技奖励 46 项,省部级科技奖励 560 余项。我国已具备了建设世界一流水资源工程的能力和水平。水资源工程中的专利和知识产权是衡量工程创新的内在标志。设置指标:申请专利数。

(2)创新投入。水资源工程具有风险性,水资源工程创新更是面临着巨大的风险,要想使水资源工程主体在巨大的风险面前敢于创新,不怕失败,就必须将创新的风险进行合理的分担,加大经费投入。一是国家和地方相关部门的科技计划,如水利部的科技创新计划(无偿资助,10 万 ~ 50 万元)、水利重点科技成果推广计划(无偿资助,20 万 ~ 100 万元)等;二是以重点实验室和工程技术研究中心为主,完善水利科技基础条件平台,改善科研条件,促进资源共享;三是在水资源工程建设资金中,划出一定比例用于解决相应的工程技术问题,实现"工程带科研、科研为工程",如雅砻江水电开发联合研究基金;四是调动全社会的积极性,鼓励和引导企事业单位、民间组织、社会团体和个人对水利科技创新的资金投入。设置指标:研发费用率。

$$研发费用率 = \frac{工程研发费用}{工程总投资} \times 100\%$$

(3)创新效果。创新具有市场性的特点,没有建立在市场基础上的纯粹技术突破不属于创新,市场实现程度是判别工程创新成功与否,决定水资源工程和谐实现的基本标准[132]。一味注重技术的新颖,将导致水资源工程本身功能过多,技术复杂,可靠性下降,或对新技术投入过高而产出不足。市场实现程度体现在创新的成本和产生的效益上。设置指标:创新产品市场占有率。

4.3.3 指标框架

综上所述,技术责任指标框架见表 4-3。

表 4-3　技术责任指标框架

指标	因素项	分因素项	性质	单位	评价阶段		
					决策	建设实施	运营维护
技术责任	工程技术	工程质量优良率	定量指标	%		√	
		工程事故损失额	定量指标	万元		√	√
		除害兴利能力	定性指标	专家打分	√		√
		防灾能力	定性指标	专家打分	√		√
		工程结构的合理性	定性指标	专家打分		√	
	工程创新	申请专利数	定量指标	件		√	√
		研发费用率	定量指标	%		√	√
		创新产品市场占有率	定量指标	%		√	√

4.4　水资源工程经济责任

4.4.1　水资源工程与经济

在市场经济条件下,涉水企业是进行水资源工程活动的基本主体,涉水企业的目标被定位于股东利益最大化上,水资源工程活动的主导责任就是经济责任。水资源工程经济责任是指对水资源工程主体经济需要的满足程度。水资源工程经济责任按工程主体的基本组成分为三方面:一是与水资源工程的最终价值接受主体(客户和消费者)相对应,水资源工程的经济责任表现为水资源工程对客户的物质需要的满足程度;二是水资源工程投资和建设主体相对应,水资源工程的经济责任表现为水资源工程的经济效益和投资收益;三是与水资源工程的规划和管理主体相对应,水资源工程的经济责任表现为水资源工程对其他经济活动与总体经济发展的直接的、潜在的和长期的影响。

4.4.2　指标设置

4.4.2.1　经济强度

水资源工程经济评价包括国民经济评价和财务评价。国民经济评价从国家整体角度,采用影子价格,分析计算项目的全部费用和效益,考察项目对国民经济所做的净贡献,评价项目的经济合理性;财务评价从项目财务角度,采用财务价格,分析测算项目的财务支出和收入,考察项目的盈利能力、清偿能力,评价项目的财务可行性。水资源工程财务评价反映了水资源开发企业在水资源工程上的财务状况,一个具有良好财务状况的水资源开发企业对于水资源工程社会责任至关重要。

(1)盈利能力。对于营利性水资源工程来说,具有较高的投资回报能力是对各股东和投资人的责任。我国一些大中型水资源开发企业大多是国有控股的企业,国家往往是最大的股东,水资源工程投资也大多数来自纳税人,营利性项目的投资回报能力反映了水资源工程对国家、社会、公众的责任。盈利能力的评价指标通常有财务内部收益率、财务净现值、投资利润率、投资利税率、投资回收期等。设置指标:财务内部收益率($FIRR$)。其计算公式如下:

$$\sum_{t=0}^{n} (CI - CO)_t (1 + FIRR)^{-t} = 0$$

式中:CI 为现金流入量;CO 为现金流出量。

当内部收益率大于基准收益率时,项目的盈利能力满足要求。根据《水利建设项目经济评价规范》(SL 72—2013)等相关规范规定,水利行业的财务基准收益率为8%。

(2)清偿能力分析。清偿能力分析就是测算和分析投资方案偿还贷款的能力和投资的回收能力。清偿能力的指标有利息备付率、偿债备付率、借款偿还期、资产负债率。设置指标:资产负债率。

$$资产负债率 = \frac{负债总额}{资产总额} \times 100\%$$

适度的资产负债率既能表明企业投资人、债权人的风险较小,又能表明企业经营安全、稳健、有效,具有较强的融资能力。国际上公认的较好的资产负债率是60%。

(3)国民经济评价。与一般工程项目不同,水资源工程项目经济评价以国民经济评价为主,也重视财务评价。国民经济评价的指标有经济内部收益率、经济净现值及经济效益费用比等。设置指标:经济内部收益率($REIRR$)。其计算公式如下:

$$\sum_{t=0}^{n} (RB - RC)_t (1 + REIRR)^{-t} = 0$$

式中:RB_t 为第 t 年的效益,万元;RC_t 为第 t 年的费用,万元。

当经济内部收益率大于基准收益率时,项目的国民经济评价满足要求。

(4)运营维护。任何一个工程都有其寿命期,包括经济寿命、物理寿命、技术寿命。水资源工程的寿命不断地经历着无形和有形两方面的损耗,需要不断地更新,这包括对实体的补偿和维护以及设备的更新和升级。据统计,由于多种因素,我国目前有 3.7 万座病险水库,威胁着广大人民群众的生命安全,成为安全度汛的心腹之患。从工程造价全寿命周期管理的角度看,工程成本包括设计成本、施工成本和使用成本,使用成本就是使用阶段能耗、水耗、维护、保养乃至改建更新的使用维护费用。对于非营利性水资源工程而言,工程建成后的运营收入往往不能满足其运营的支出,需要国家的继续补贴。纯公益性水管单位,其基本支出由同级财政负担,工程日常维修养护经费在水利工程维修养护岁修资金中列支,工程更新改造费用纳入基本建设投资计划,由计划部门在非经营性资金中安排。准公益性水管单位,其经营性资产收益和其他投资收益纳入单位的经费预算,财政部门根据各种收益的变化情况适时调整财政补贴额度;基本支出以及公益性部分的工程日常维修养护经费等项支出,由同级财政负担,更新改造费用纳入基本建设投资计划,由计划部门在非经营性资金中安排,经营性部分的工程日常维修养护经费由企业负担,更新改造费用在折旧资金中列支,不足部分由计划部门在非经营性资金中安排。企业性质的水管单位,其所管理的水利工程的运行、管理和日常维修养护资金由水管单位自行筹集,财政不予补贴。由于水资源工程的公益性,工程运行管理和维修养护经费严重不足,供水价格形成机制不合理,导致大量水资源工程得不到正常的维修养护,效益严重衰减,而且对国民经济和人民生命财产安全带来极大的隐患。要有足够的运行维护费用,保证工程功能的正常发挥。设置指标:工程运营维护资金充足率。

$$工程运营维护资金充足率 = \frac{工程年资金到账数}{工程年实际运行维护费用} \times 100\%$$

4.4.2.2　经济推动

(1)社会财富积累。作为重要的基础设施,水资源工程建设投资一直是我国政府财政支出的重点。2007 年,全社会水利固定资产投资 1 026.5 亿元,其中政府投资占到 85%。政府投资支出的增加,对经济增长一般会产生两方面的影响:一方面因投资拉动收入增长和消费增长而形成投资乘数效应,据统计,由于三峡工程的建设,三峡库区 GDP 由 1992 年的 152.46 亿元增加到

2005 年的 1 231.72 亿元,增长了 7 倍多,年平均增长率为 17.4%;另一方面,因投资于某一产业而引起关联投资,即投资波及效应。水资源工程建设所需要的钢材、木材、水泥、相关零部件、配套件往往带动了相关部门和行业的投资。对于水资源工程来说,由于减少洪涝干旱灾害的损失,从而减少了 GDP 的损失。设置指标:受益区人均 GDP。

$$受益区人均 GDP = \frac{受益区 GDP 总数}{受益区人口}$$

(2)产业调整。水资源工程的建设往往促进相关产业的发展。例如,在水力资源丰富的区域,有目的地建设一系列的水利工程,可以形成以发电、航运、灌溉等为特征的产业布局。例如三峡工程的建设,为长江航运带来巨大的经济效益,宜昌至重庆 660 多 km 川江航道的通航条件大大改善,运输成本将降低 35% 以上,三峡工程促进了湖北省库区经济结构调整和社会功能再造。库区企业借搬迁机遇,与发达地区企业开展了多种方式的合作,娃哈哈、白猫、森达、格力、汇源等一大批名牌企业落户库区,为库区经济发展注入活力。湖北省的一大批企业也在三峡工程中觅得商机。武昌船舶重工有限责任公司、武汉钢铁(集团)公司等数十家企业参与了三峡工程的建设。此外,蓄水促进湖北库区的养殖业和旅游业。三峡水库在正常蓄水时,水面面积达 1 084 km^2,其中可以用于养殖的水面面积约 700 万 m^2。据旅游部门测算,三峡工程建成后初期每年来三峡旅游的国内外游客将达 1 300 万人,每年将产生 200 亿元的旅游收入。设置指标:产业结构合理程度。

(3)创造就业。工程建设和运营都增加了就业,单就工程来说,就业人数就相当可观,据统计,三峡工程的建设增加了 20.8 万个就业机会。不仅如此,工程影响区域内其他产业的繁荣也增加了劳动力的需求。设置指标:单位投资就业人数。

$$单位投资就业人数 = \frac{项目增加就业总人数}{项目总投资}$$

4.4.3　指标框架

综上所述,经济责任指标框架见表4-4。

表 4-4 经济责任指标框架

指标	因素项	分因素项	性质	单位	评价阶段		
					决策	建设实施	运营维护
经济责任	经济强度	财务内部收益率	定量指标	%	√	√	√
		资产负债率	定量指标	%	√	√	√
		经济内部收益率	定量指标	%	√	√	√
		工程运营维护资金充足率	定量指标	%			√
	经济推动	受益区人均GDP	定量指标	万元/人	√	√	√
		产业结构合理程度	定性指标	专家打分	√	√	√
		单位投资就业人数	定量指标	人/万元	√	√	√

4.5 水资源工程生态责任

4.5.1 水资源工程与生态

水资源工程与生态系统存在着物质、能量和信息的交换,从而实现自身的生存与发展,这种交换是单向的"自然资源—工程—废弃物"的过程,包括资源利用和环境影响两方面。

4.5.1.1 资源利用

从水资源工程建设过程来看,环境为工程系统提供所需的一切物质资源,如生态资源、生物资源、矿产资源等,它们最初都来自自然界。这些物质资源是水资源工程存在的物质基础和能量源泉,离开了环境所提供的资源,水资源工程系统就失去了存在的基础。从水资源工程系统的运行过程看,作为人工物的水资源工程系统由于有形磨损和功能变化,进行着自身的发展和演化,这种发展和演化是在既定的空间中进行的与环境之间的物质和能量交换。因此,从水资源工程全寿命跨度看,水资源工程是离不开所处的物质环境的。世界是物质的,物质是无限的。但是,从人的尺度讲,资源仅仅是物质世界对人类生存和发展有用或有利的那部分。人们一直认为某些资源是有限的,有些资源是无限的。例如人们曾认为水是取之不尽、用之不竭的,但是作为自然资源,其数量是有限的。

4.5.1.2　环境影响

从水资源工程系统的输出看,环境成为承载水资源工程活动的产品和副产品(如"三废")的主要场所。水资源工程活动输出产品和副产品后,如果这些产出物在自然生态系统可以吸收消化的自我调节限度内,就可以保证自然生态系统的良性循环;如果超出了环境的承受能力,自然界本身的生态平衡被打破,就会产生环境的破坏。

4.5.1.3　工程生态观

在实践上,传统的水资源工程过程是线性的、单向的,与自然界的循环性相互矛盾;水资源工程的机械片面性割裂了工程与自然环境的有机联系;水资源工程的局部性、短期性与自然界的整体性、持续性相矛盾。在认识上,"人类中心主义"认为水资源工程是人类征服和改造自然的强有力武器,强调水资源工程的工具理性,主张按照人的意志无节制地开发自然资源;"非人类中心主义"和"反人类中心主义"对水资源工程活动试图采取消极主义的态度,他们为人类文明设计了一条自然主义的图景,主张不要干扰和影响自然生态循环,事实上,这在一定意义上是要阻碍人类生存和文明进步的自然浪漫主义。

水资源工程实践和认识上的片面性,使生态环境问题已经日益突出,严重影响了人类的生存质量和可持续发展。人们越来越认识到必须树立科学的工程生态观,把水资源工程理解为生态循环系统中的生态社会现象,做到水资源工程的社会经济功能、科技功能与自然、生态功能相互协调和相互促进。

4.5.2　指标设置

4.5.2.1　自然资源利用

对于水资源工程来说,主要利用的自然资源是土地资源、水资源和生物资源,水和土地的矛盾、工程建设与生物保护的矛盾是水资源工程建设的两个主要矛盾,体现了人与水、人与生物之间对生存空间的争夺。

1. 土地资源

土地资源是指在目前的社会经济技术条件下可以被人类利用的土地,是一个由地形、气候、土壤、植被、岩石和水文等因素组成的自然综合体,也是人类过去和现在生产劳动的产物。水资源工程的兴建必然要占用土地,特别是水库的建设,要淹没土地,但同时获得了水面。对于人与水争夺陆地面积的关系要辩证地思考。洪水灾害的本质是人与水争夺陆地面积的矛盾,如果没有人,也就不存在洪水灾害,必须给水留有一定的陆地,保护肥沃的平原,让出贫瘠的山谷土地,以换取人类生存安全。长江三峡水库淹没了 638 km² 的峡谷土地,其中耕地 2.38 万 hm²,搬迁居民 113 万人,而获得的是下游肥沃的 150 万 hm² 的平原耕地和 1 500 万密集人口的中游地区的安全。设置指标:保护土地和占用土地比,通常为 10% ~20%。

$$保护土地和占用土地比 = \frac{防护土地面积}{工程永久占地面积} \times 100\%$$

2. 水资源

水资源工程的目的是对水资源进行开发利用以达到促进社会和环境协调发展的状态,但是这种利用有可能改变原有河流的生态系统。例如,引起广泛议论的尼罗河上的阿斯旺水库,尼罗河年均径流量 800 亿 m³,阿斯旺水库的总库容达 1 600 亿 m³,是尼罗河年均径流量的 2 倍,它可以从根本上改变尼罗河下游河段的特性;而我国三峡水库的总库容不足 400 亿 m³,长江的全流域年均径流量 9 000 多亿 m³,在三峡坝址的径流量也有 4 500 亿 m³,三峡水库的库容不到它的 1/10,对长江的天然流量只能进行季节性的少量调节,不足以改变水库以下长江河流的特性。随着水资源开发利用量的增加,河道内水量日渐减少,导致了水生物多样性的锐减,河流管理中生态环境需水量的评价开始受到了重视。水资源开发利用不仅要满足人类的需要,也要满足河流系统自身的循环需要。设置指标:水资源利用强度。国际上公认的水资源开发比例是 40% ,超 40% 就会给江河带来严重的生态灾难。一般认为河流的利用强度为 20% ~60% 是比较合理的。

$$水资源利用强度 = \frac{工程水资源利用量}{河流全年流量} \times 100\%$$

3. 生物资源

近年来,人们对水资源工程建设与生物多样性保护的问题越来越重视,如 2001 年在美国发生的“小鱼战胜大坝”的事件,我国怒江开发中的关于怒江开发与生物多样性保护的争论等。已有研究表明,水资源工程的建设可能导致生物多样性下降,这在水生态系统中表现尤为明显。生态是具有一定物种结构、营养结构和空间结构的动态平衡系统,生态系统包括生物部分(包括人)和非生物部分,它们之间存在着相互依赖的关系,遵循着适者生存和自然选择的生物进化法则。人类的水资源工程活动打破了原有的生态平衡,必然会使原有生态系统的物种结构发生变化,这种变化会影响到生态系统中的生物体,包括人。作为生态系统中处于主体地位的人,可以主动地认识和利用这种自然规律,在进行工程建设的同时,采取措施保护生态系统中的生物。只有这样,才能使生态系统的变化朝着有利于生物(包括人)的方向变化,达到新的平衡点,保证人类的可持续发展。这一切都是为了人,是以人为本的,决不是脱离开人的所谓要以自然为本。例如,为了减轻水资源工程对水生物的影响,人们提出鱼道这种生态补偿工程,缓解了水资源开发与鱼类资源保护这对矛盾。设置指标:生物物种完整性指数。一般认为物种种群变化为 −5% ~ 5% 是比较合理的。

$$生物物种完整性指数 = \frac{工程建成后生物物种数量变化}{原有生物物种数量} \times 100\%$$

4.5.2.2　区域环境影响

水资源工程建设中的环境影响主要涉及自然环境和人文景观资源。

1.地质灾害

水资源工程建设改变了河流流动状态,从而容易引起地质灾害。

例如水库的建设,抬高了原有河流的水位,对河床岩面增加了水的重量,在每平方米岩石面上每抬高 1 m 就是增加 1 t,抬高 100 m 也就是每平方米岩面要承受 100 t,这一水体压力的改变,岩石应力的调整过程,使地质构造产生微量的变形,会引起所谓的水库诱发地震。根据国际大坝委员会的统计,全世界大型水库诱发地震的概率为 0.2%。地震发生的内因是地层地质构造,外因是外力。我国是一个地震多发国家,据统计,库容 1 亿 m³ 以上的大水库出现诱发地震的概率平均为 5%。诱发地震的烈度也取决于坝库区的地质构造。水位的起落变化,会引起岩体孔隙压力的增加,造成不稳定岩体失去支撑能力,发生坍塌,会造成岸边岩体上居民伤亡的灾害。由于岩体滑落入水库引起突发性水浪壅高造成水上灾害,甚至壅浪过坝造成更为严重的灾害。

另外,水资源工程一般建设在山区,往往造成原有森林植被的破坏,如果不采取妥善的植被恢复和工程加固措施,就会造成水土流失。水土流失是指在水力、重力、风力等外营力作用下,水土资源和土地生产力的破坏和损失,包括土地表层侵蚀和水土损失,亦称水土损失。水土流失对当地和河流下游的生态环境、生产、生活和经济发展都将造成极大的危害。水土流失破坏地面完整,降低土壤肥力,造成土地硬石化、沙化,影响农业生产,威胁城镇安全,加剧干旱等自然灾害的发生、发展,导致群众生活贫困、生产条件恶化,阻碍经济、社会的可持续发展。设置指标:地质灾害频度。一般在 0.2 ~ 1 是正常的。

$$地质灾害频度 = \frac{工程建设及运营期间地质灾害次数}{工程建成前地质灾害次数} \times 100\%$$

2.环境质量

水资源工程建设和运营从广义上讲属于工业生产,它对环境的影响也主要表现在废水、废气、废物以及噪声等的污染,包括水污染、声污染、大气污染、水文地质影响、工程固体废弃物(建筑垃圾)。根据《中华人民共和国环境保护法》《中华人民共和国水污染防治法》《中华人民共和国大气污染防治法》《中华人民共和国固体废物污染环境防治法》《中华人民共和国环境噪声污染防治法》《中华人民共和国清洁生产促进法》等法规和具体实施细则的规定,应该在工程建设与运营过程中,采取措施使工程各项指标满足相应法律法规规定,保护自然环境。设置指标:环境质量达标率。

$$环境质量达标率 = \frac{\begin{array}{c}(大气质量达标率 + 水环境质量达标率 + 土壤质量\\ 达标率 + 噪声质量达标率 + 固体废物处理达标率)\end{array}}{5} \times 100\%$$

3. 景观资源

景观资源包括气候、水体、地貌等自然资源,是对观光游憩者有吸引力的资源,分为自然资源和人文资源(文物古迹)。水资源工程一般都是跨区域和跨流域的大型工程,不可避免地要遇到现存的文物古迹。在工程施工中也有可能挖掘出未探明的文物资源,并有可能形成新的文物古迹。但是,也有可能由于工程的建设,这些文物资源从此消失。文物资源从某种意义上来说属于不可再生的资源,具有遗赠价值。保护文物资源是社会公平性的表现。同时,水资源工程的建设往往形成新的旅游景观。设置指标:文物和景观资源保护率。

$$文物和景观资源保护率 = \frac{受到保护的文物古迹和景观资源}{受影响的文物古迹和景观资源} \times 100\%$$

4.5.3 指标框架

综上所述,生态责任指标框架见表4-5。

表 4-5 生态责任指标框架

指标	因素项	分因素项	性质	单位	评价阶段		
					决策	建设实施	运营维护
生态责任	资源利用	保护土地和占用土地比	定量指标	%	√	√	√
		水资源利用强度	定量指标	%	√	√	√
		生物物种完整性指数	定量指标	%	√	√	√
	环境影响	地质灾害频度	定量指标	%	√	√	√
		环境质量达标率	定量指标	%	√	√	√
		文物和景观资源保护率	定量指标	%	√	√	√

4.6　水资源工程社区责任

4.6.1　水资源工程与社会

水资源工程活动是人类有组织、有计划、有目的的社会实践活动,在工程活动中,存在着人流、资金流、信息流、工作流、组织流的合理流动,水资源工程价值的增值包含着人力资本和社会资本的增值。水资源工程社会性首先表现为实施工程主体的社会性,一项活动成为工程的必要条件之一,便是该活动的主体是一个有组织的群体。水资源工程社会性的另一个主要表现形式是大型水资源工程往往对社会的经济、政治和文化的发展具有直接的、显著的影响和作用。

4.6.1.1　水资源工程社会功能

水资源工程的社会功能首先表现为水资源工程是社会存在和发展的物质基础,水资源工程满足了人类生活对水资源的基本需要并提高了社会生活质量。衣食住行是人类生活的基本方面,是人类生存、发展和从事一切活动的基本保证,人类衣食住行的满足,无不依赖于水资源工程来实现。就业是现代人类生存的基本手段,而水资源工程特别是大型工程的建设和运营极大地促进了就业。其次,水资源工程是社会结构的调控变量,水资源工程会改变社会经济结构,促进产业更新;改变人口的空间分布,带来城乡结构的变迁;水资源工程可以作为宏观调控的手段,保持经济、社会、生态环境的协调发展,推进社会公平。在"科学—技术—工程—产业"的知识链中,产业是社会生产力发展到相当水平后,建立在各类专业、各类工程系统基础上的各种行业性的专业生产、社会服务系统。水资源工程是水利产业发展的物质基础。水利产业活动表现为水资源工程建造与水资源工程运行过程的结果,水资源工程活动的质量、水平和规模表征着水利产业发展的层次和竞争力。水资源工程项目的布局与结构往往决定和影响着特定区域的产业布局和产业发展。水资源工程活动作为水资源产业发展的基本内容,推动着经济结构的升级换代。水利产业生产是标准化、可重复运作的水资源工程活动。水利产业生产活动是以经济效益为最终目的的,其本质特征是标准化、可重复性。但是,水资源工程的社会功能具有二重性,为了克服工程社会功能的二重性,一些国家正在推行建构性技术评估(CTA),动员社会公众和利益相关者积极参与,建立汇集社会意见、实行社会监督的途径和机制。

4.6.1.2　公众参与

公众参与是水资源工程社会建构和人文价值的实现方式,法国哲学家莫莱斯曾指出:工程师是依据那些不是由他本人制定的规则进行建造的,接受和完成别人不知的任务,从"招标细则"到工程最终完工,无一不是多个利益相关群体磋商和协作的结果,充满了利益的妥协和博弈[133]。因此,水资源工程是社会建构的,其人文价值的实现有赖于利益相关者的积极参与,公众参与是一个有效的途径。

4.6.2　指标设置

4.6.2.1　社会发展

　1. 社会影响

水资源工程的建设涉及河流的左右岸、上下游的利益,关系错综复杂,由水资源工程建设引发的水事矛盾由来已久,经常发生。同时,水资源工程建设拆迁补偿引起的不安定因素和工程的征地拆迁案件,会影响到永久占地上的居民。我国因为拆迁补偿问题的纠纷很多,处理不好会影响到社会团结和安定,如果是在少数民族地区还有可能引发民族矛盾,降低社会和谐程度。因此,水资源工程的建设应充分体现上下游统筹兼顾、统一规划、统一标准、统一治理的原则,施工中坚持顾全大局、互谅互让、团结治水的精神,使长期以来存在的水事矛盾得以缓解,促进社会安定团结。设置指标:工程投诉事件数。

　2. 移民安置

水资源工程移民安置是水资源工程的重要组成部分。从工程哲学的角度看,工程分为自然工程和社会工程。社会工程是人类改造社会世界的社会实践活动,其目的是通过调整社会关系、改善社会结构、控制社会运行来解决社会矛盾。水资源工程移民安置是一项社会工程,通过水资源工程移民安置解决因为水资源工程建设引起的原有的社会关系、社会结构、社会运行产生的矛盾。构建社会主义和谐社会和建设社会主义新农村是一项整体的、宏观的社会改造工程,一些水资源工程移民安置往往与建设社会主义新农村紧密结合起来。水资源工程移民安置体现了人与人、人与社会的价值关系,其最高价值判断是水资源工程移民安置对移民群体性需求的满足、对人的全面发展的促进程度。因此,水资源工程移民安置的效果应该由移民自己去评判。设置指标:移民安置满意度。

　3. 解除贫困

扶贫开发是坚持以人为本科学发展观的具体体现,是构建社会主义和谐社会的重要内容,是建设社会主义新农村和发展现代农业的重要组成部分,是缩小发展和收入差距的有效措施。20 世纪 70 年代末以来,我国加大了扶贫开发力度,使农村绝对贫困人口 30 年内减少 2 亿多人,成为全球最早提前实现联合国千年发展目标中贫困人口减半目标的发展中国家。而随着经济的发展,2009 年中国开始实施新的扶贫标准,将贫困线提高到人均年纯收入 1 196 元人民币。照此标准测算,我国仍有 4 007 万农民生活在贫困线以下,扶贫任务依然艰巨。我国现有的绝对贫困人口大多分布在山区、降水量小的地区和其他承载力有限的地区。除贫困人口越来越集中在西部地区外,我国大多数贫困人口生活在山区县和山区乡镇。而这些地区往往是水资源工程建设集中的地区,由于水资源工程的建设,项目区人均收入增加,居民生活质量提高,从而实现工程脱贫的目标。设置指标:脱贫率。

$$脱贫率 = \frac{项目区脱贫人口数}{本地区扶贫人口总数} \times 100\%$$

4. 社会公平

水资源工程的建设往往会造成某些区域受益,某些区域受损,如调水工程中,受益区是用水区,受损区是水量调出区;大坝工程,受益区往往是大坝下游的区域,而上游区域的经济社会发展会受到影响。为实现利益分配的公平,国家应该进行适当的利益协调,对受损区进行补偿。这里,国家必须承担起自己的责任,制定相关的税收、财政等政策,确保工程建设的相关利益群体都能合理地享受到工程建设带来的效益,分摊工程建设的风险和损失。例如,三峡工程建设中,国家规定从三峡发电收入中按每度电提取 4.5 厘钱设立后期扶持资金,提取 0.5 厘钱设立移民专项资金;按照《三峡库区经济社会发展规划》,每年从三峡基金中提取 10 亿元产业发展基金,支持三峡库区的产业发展;国务院有关部委及各省、自治区、直辖市大力开展了对口支援活动,一大批高新技术产业在库区落户,库区企业基本实现了资金、技术密集型同劳动密集型产业的结合。设置指标:补偿政策完善程度。

4.6.2.2　公众参与

公众参与是指社会群众、社会组织、单位或个人作为主体,在其权利义务范围内有目的的社会行动。其定义可以从三个方面表达:它是一个连续的、双向的交换意见过程,以增进公众了解政府机构、集体单位和私人公司所负责调查和拟解决的环境问题的做法与过程;将项目、计划、规划或政策制定和评估活动中的有关情况及其含义随时完整地通报给公众;积极地征求全体有关公民对以下方面的意见:设计项目决策和资源利用,比选方案及管理对策的酝酿和形成,信息的交换和推进公众参与的各种手段与目标。

1. 参与主体

参与是一种将不同主体的价值追求通过项目活动进行整合的过程。工程活动是人的价值和本质的能动的体现,工程活动的目的是实现人的全面自由。这里面的"人"是在工程活动中拥有合法、合理价值追求的个人和群体,尤其是一些弱势群体,包括妇女、儿童、穷人、老人、残疾人以及单亲家庭成员、少数民族等。在工程活动中,参与者构成应该是具有代表性和全面性的:既要有主要利益相关者(如投资者、政府机构),也要有次要利益相关者(如普通群众、社团组织);要考虑参与者自身素质和社会背景的差异,包括文化层次、收入、民族、宗教信仰、年龄、性别、社会地位;要特别关注工程建设的反对者的意见和诉求,考虑工程利益受损者的参与,特别是弱势群体。总之,工程的根本目标是最大限度地实现相关利益全体的价值追求,实现人与人之间的平等,实现社会的和谐发展。设置指标:参与者构成的合理性。

2. 信息交流

公众理解工程,首先必须获得有关的工程信息,要保证公众的工程知情权。其次,公众的科技素养是理解工程的重要基础,公众需要知悉工程的基本知识。公众理解工程的前提是工程信息的发布、传播与普及工作。目前,已经有了工程公示制度,规定了公示的内容、公示时间、公示的方式,项目法人应该按照规定进行项目的公示,在一定范围内通过媒体、座谈会、听证会等形式定期发布工程信息,使公众正确理解工程。在这一过程中,工程师应该成为一名合格的科普专家,以适当的方法促进社会公众的各类经验知识的相互交流和不同价值观的相互对话。这一过程是工程的"知识共享"和"社会学习",主要目的是通过不同主体的知识与价值观的交流,消除工程信息的不对称,传播已有工程知识,促进知识创新,提高全社会的工程知识基础,使公众获得对工程更为全面的理解,促成关于工程的社会共识。工程的社会学习是政府、工程师和公众的共同事务。设置指标:工程知识宣传和信息发布次数。

3. 经费保证

一个人的行为通常是在行为主体权衡成本效益后所做出的理性选择,其决定采取的任何行动必须是能使他所认识到的好处最大化,不然就会做出其他选择。也就是说,如果效益大于成本,行为者会作为;相反,如果效益小于成本,行为者会不作为。当认为参与所付出的成本小于参与所带来的收益,或者参与所付出的代价小于不参与所带来的损失时,利益相关者会去参与;反之,利益相关者则不愿意参与或至少不会主动选择参与。参与的成本效益是影响公众参与的主要因素[134]。公众参与的成本中包括现金成本、物质成本、培训费、信息发布及收集费用、社会调查费用等,主要包括以下几项:培训费用、信息发布费用、社会调查费用、收集和处理反馈信息费用。设置指标:公众参与经费保证率。

$$公众参与经费保证率 = \frac{公众参与费用}{总投资} \times 100\%$$

4.参与效果

开展公众参与的目的是通过与利益相关者的协商,争取他们对工程的支持和理解,从而有利于项目的实施。工程建设离不开相关利益者的理解与支持,设置指标:项目支持率。

$$项目支持率 = \frac{项目区支持项目的人口数}{项目区人口综述} \times 100\%$$

4.6.3 指标框架

综上所述,社区责任指标框架见表4-6。

表4-6 社区责任指标框架

指标	因素项	分因素项	性质	单位	评价阶段		
					决策	建设实施	运营维护
社区责任	社会发展	工程投诉事件数	定量指标	件	√	√	√
		移民安置满意度	定量指标	%		√	√
		脱贫率	定量指标	%	√	√	√
		补偿政策完善程度	定性指标	专家打分	√	√	√
	公众参与	参与者构成的合理性	定性指标	专家打分	√	√	√
		工程知识宣传和信息发布次数	定量指标	次/年	√	√	√
		公众参与经费保证率	定量指标	%	√	√	√
		项目支持率	定量指标	%	√	√	√

4.7　水资源工程人文责任

4.7.1　水资源工程与人文

4.7.1.1　水资源工程文化

水资源工程文化是工程主体为达到水资源工程目标而形成的行为取向，这种行为取向如果背离了工程活动内在规律的要求，就形成一种不利于水资源工程顺利开展的工程文化。当然，水资源工程文化还包括工程师和工人的整体素质、群体意识和道德规范、价值理念以及由这些因素凝聚而成的水资源工程精神，最后体现在水资源工程的质量、风格和工程队伍的形象等上面[135]。水资源工程文化贯穿于水资源工程活动的每个阶段，对于水资源工程的顺利开展具有重要作用。

在决策阶段，是以个人利益和团体利益为重的"形象工程""面子工程"，还是以广大社会公众利益为主的"富民工程""和谐工程"，往往是水资源工程建设成败的关键；在设计阶段，水资源工程结构的合理性、水资源工程结构与环境的协调性以及水资源工程的人文关怀，往往受到设计人员的文化背景、水资源工程所在地区的区域文化的强烈影响；在实施阶段，是以质量为核心还是以速度为核心，是以金钱为本还是以工人安全为本，施工现场的有序性、整洁性以及工程施工人员的协调性往往体现了一定的组织文化；在运营中，水资源工程运行的有效性和完善性体现着水资源工程的美，利益相关者对工程的认同感体现着他们对水资源工程的文化解读。

通过水资源工程文化，水资源工程更充分地显现自身，水资源工程文化渗透到工程的各个阶段，有支配水资源工程活动的"微观权力"，是水资源工程活动的"精神内涵"和"黏合剂"。水资源工程文化出问题，水资源工程就会出问题。

水资源工程文化包括物质文化、制度文化、行为文化和理念文化。其灵魂是理念和价值观，物质文化、制度文化和行为文化从不同角度体现着工程的理念和价值。物质文化是指以物质为载体的水资源工程文化，它是水资源工程文化的物质表现形式；制度文化是指水资源工程的法律形态、组织形态和管理形态构成的外显文化，是水资源工程文化精神的格式化、具体化和实在化；行为文化是指工程主体在水资源工程活动中产生的文化现象，它是工程理念、工程制度的人格化，工程主体的行为决定着水资源工程整体精神风貌和文明程度。

4.7.1.2　水资源工程伦理

　　水资源工程活动深刻地影响着人们的生存状况,这是水资源工程活动的意义所在,也是它必须受到伦理评价和接受伦理性目标导引的根据。水资源工程是一个汇聚了科学、技术、经济、政治、法律、文化、环境等要素的系统,伦理在其中起着重要的定向和调节作用。在决定水资源工程向哪个方向发展和究竟怎样进行水资源工程活动时,在预测水资源工程活动可能产生的后果时,人们不可能对其抱中性的立场和态度,而是必然要求对水资源工程活动进行必要的伦理分析和伦理评价。

　　目前,随着越来越多的重大水资源工程开始建设,工程伦理缺失问题在工程共同体中普遍存在。政府有关部门在进行水资源工程审批时,强调地区经济增长和 GDP 的数字增长,经济效益第一,忽视社会效益和生态效益,缺乏全局观念,关注水资源工程的政绩、形象效应,忽视水资源工程的成本和功能。投资人在进行水资源工程项目选择时,只考虑项目自身的投资回报率,忽视项目对公众安全、健康、环境产生的负面影响,不考虑水资源工程的人文效应;在水资源工程建设过程中,关注水资源工程的质量、进度和成本,忽视工程人员的安全和健康,不考虑周围公众利益,如影响居民休息,妨碍交通等;在水资源工程运行阶段,逃避社会责任,偷税漏税。工程师和工人在公众利益和雇主利益出现冲突时,往往选择对雇主的忠实,放弃公众利益的维护;为了自身的经济利益,在设计时推荐得到报酬最多的设计方案,在施工时,对质量、安全追求不高,偷工减料;在验收时,评估标准不科学,验收程序不规范等。这些都是水资源工程伦理缺失的外在表现,其本质是工程主体中相关人员的伦理丧失,水资源工程活动缺乏伦理角度的评价,水资源工程伦理的缺失必然会导致水资源工程不和谐问题的出现。

　　水资源工程伦理的灵魂就是要在工程活动中体现高尚、健全的伦理精神,摈弃丑恶、低下的伦理道德。从某种意义上讲,水资源工程伦理就是参与水资源工程活动的工程管理和技术人员应具有的符合社会伦理标准的道德品质、规范与应承担的责任,为了实现对工程的伦理控制,要做到:树立工程、自然、社会和谐统一的水资源工程和谐价值观;覆行以人为本的水资源工程宗旨;建设精品工程,推动经济增长,实现提高人民生活水平的水资源工程目标;遵守建设程序、精益建设、依法监督的水资源工程制度。

4.7.2　指标设置

4.7.2.1　工程文化

1. 水资源工程形象进度

水资源工程的建设是一个有始有终的发展过程,具有一个生命周期,从水资源工程决策到工程运营维护,可以划分为若干个阶段,每个阶段都以一个或数个可交付成果作为标志,可交付成果就是某种有形的、可以核对的工作成果,可交付成果和阶段组成一个逻辑序列,最终形成水资源工程成果。每一个阶段通常包括一件事先定义好的工作成果,用来确定希望达到的控制水平,这些成果大部分都同主要阶段的可交付成果相互联系,而该阶段一般也使用该可交付成果的名称命名,作为项目进展的里程碑。水资源工程的进度不仅确保项目按预定实践交付使用,及时发挥投资效益,而且有益于维持国家良好的经济秩序,向社会展示工程建设的良好状况。设置指标:进度绩效指数。

$$进度绩效指数 = \frac{已完工程预算费用}{计划工作预算费用} \times 100\%$$

2. 水资源工程社会形象

水资源工程社会形象的塑造对于凝聚项目组织的凝聚力,增强项目的影响力起着非常重要的作用。水资源工程社会形象的塑造,就是指水资源工程的文明建设,从我国工程费用改革的进程可以看出,文明建设日益受到重视,文明施工费从无到有,而且是不可竞争的费用。文明施工的目的是使项目获得社会的认同感和支持,这是一个项目识别的过程。这个识别过程包括行为识别 BI(Behavior Identity) 和视觉识别 VI(Visual Identity) 两个方面。BI 是水资源工程人员的行为表现,要把文明施工作为一项重要的管理指标,倡导文明意识,随时随地向现场人员传达文明施工方面的管理要求和奖罚措施,开展"社区共建""文企联姻""精品工程""青年文明号""创建文明工地"等活动,从而优化现场周边人际环境。VI 是项目视觉的传递形式,心理科学认为:人类接受的信息总和中,由视觉器官获得的占 83% ,因此 VI 是树立水资源开发企业(项目)形象、提高企业(项目)知名度的最有效的方法,如项目现场人员要身着颜色、式样统一的工作装、安全帽以及胸卡等,优化现场卫生环境,项目现场需要有统一的企业和项目标志、形象广告和本项目效果图,以及主题标语等。社会的认可就是工程项目部获得的各类奖项。设置指标:工程获奖项数。

3. 水资源工程组织

在水资源工程建设领域,水资源工程组织的合理性对于水资源工程的建设效果至关重要。以往,受国家计划经济的影响,在水资源工程建设中,往往由国家下达建设任务,水利工程局负责建设,采用"指挥部"式的组织形式,从而造成投资三超、进度拖延和质量无法保证的问题,严重影响水资源工程效益的发挥。自从鲁布革改革以来,在水资源工程建设中引入项目管理的方式,推行了以项目法人为核心的"三项制度"(项目法人制、工程建设招标投标制度、工程监理制度),采用了先进的组织管理模式,促进了水资源工程效益的发挥。设置指标:工程组织的合理性。

4. 水资源工程制度

我国水资源工程建设制度经过了从计划经济到市场经济的转变,不断创新。在工程决策阶段,建立健全项目决策审批制度、决策执行制度、检查监督制度、公众参与制度、专家咨询制度及信息反馈制度等一系列制度。在工程建设实施阶段,为提高水资源工程建设管理水平,推行工程建设"三项制度";加强质量与安全监督管理,落实质量与安全生产责任制,加强对实行核准制水利水电工程建设项目的监督管理,防止重、特大质量与安全生产事故发生;加强水利工程验收管理,及时对已竣工水资源工程进行验收。在工程运营维护阶段,全面推进水利工程管理体制改革,明确责任,落实"两项"经费,搞好工程维修养护;实行水库(闸)注册登记和水库(闸)降等与报废制度,消除工程安全隐患,确保水利工程运行安全;加强调度管理,把汛期调度与全年调度、洪水调度与水资源调度、水量调度与水质调度、区域调度与流域调度结合起来,有效调控水资源;充分发挥自身水土资源优势,建设好水利风景区,开展水利多种经营,提高水资源工程综合效益,增强水管单位的经济实力,促进水资源工程良性运行。设置指标:工程制度的完善性。

4.7.2.2　工程伦理

1. 工程理念

工程活动的理念是工程共同体在工程实践及工程思维中形成的对"工程活动"和"工程存在物"的总体性观念、理性认识和理想性要求。工程理念从根本上决定着工程的优劣和成败。在古今中外的许多优秀工程中,人们看到了先进的工程理念的光辉。与此相反,工程理念的落后甚至错误,必然酿成工程活动的失误或失败,危害当代,殃及后世。在不同的历史时期分别形成和出现了"听天由命""征服自然""天人和谐"的不同时代的工程理念。"听天由命"的理念低估了人的主观能动性,随着生产力的发展、科学技术的进步和人类认识的发展,人类挣脱了"听天由命"。"听天由命"理念被"征服自然"的工程理念所否定。"征服自然"的工程理念高估了人的主观能动性,遭到了大自然的无情报复。实践证明,只有顺应天时、地利、人和,天工开物、人工造物,才能达到"天人和谐"的和谐理念。新时代的工程理念的形成是一种巨大的精神力量,当新的工程理念落实在行动中时,就形成了伟大的工程精神和正确的工程价值观。

"献身、负责、求实"的水利行业精神,是社会主义核心价值体系在水利行业的具体体现,是党的优良作风在广大水利干部职工身上的传承发扬,是推动传统水利向现代水利、可持续发展水利转变的强大动力。作为水利工作者,要树立为水利事业献身的远大志向和崇高的使命感;要加强学习,掌握过硬的本领,充分贡献自己的聪明才智;要勤于探索,勇于实践,以饱满的工作热情,积极投身水利建设;要不畏艰辛,顽强拼搏,时刻准备着为水利事业牺牲个人的一切、奉献自己的一生。作为水利工作者,在平常工作中,要严格执行国家的水利政策法规,做到高标准、严要求;在水利建设中,要坚持工程建设标准和程序,严格工程建设管理,确保工程质量,不徇私、不护短;在水利改革中,要理顺体制,理清思路,转变职能,顾全大局,大胆改革,不应付、不退缩;在关键时刻,更要敢于挺身而出,不推诿,不逃避。作为水利工作者,要大力弘扬求真务实精神,大兴求真务实之风;在出发点上,要坚持实事求是,广泛听取各方的意见,遵循一切从实际出发的客观性原则;在行动过程中,要深入一线,深入基层,自觉按客观事物本身的规律设定自己的活动;在落脚点上,尊重自然规律,坚持人与自然和谐相处。

思想指引行动,只有正确的思想指引,才能保证水资源工程活动决策、建设实施、运营维护的顺利实施。设置指标:先进个人与集体数。

2. 团队凝聚力

水资源工程建设和运营是工程组织(工程共同体)行为,在各种组织中,工程师、企业家和工人构成了工程组织的主要成分。组织的正常运行依靠三者之间的紧密配合。但是,在工程共同体中,工人是一个在许多方面都处于弱势地位的弱势群体。工人的弱势地位突出地表现在以下三个方面[136]:从政治和社会地位方面看,工人的作用和地位常常由于多种因素而被以不同的方式贬低,几千年来形成的轻视和歧视体力劳动者的传统思想至今仍然在社会上有很大影响,社会学调查也表明当前工人在我国所处的经济地位和社会地位都是比较低的;从经济方面看,多数工人不但是低收入社会群体的一个组成部分,而且他们的经济利益常常会受到各种形式的侵犯;从安全和工程风险方面看,工人常常承受着最大和最直接的施工风险,仅2005年建筑企业就发生伤亡事故2 288起,死亡2 607人。安全事故、劳资纠纷、群体事件的频频发生,影响着组织的有效性,使工程处于不和谐状态,一个好的组织是工程建设和运营顺利实现的关键因素。

项目团队的形成发展需要经历一个过程,有一定的生命周期,这个周期对有的项目来说可能时间很长,对有的项目则可能很短。但总体来说,都要经过形成、磨合、规范、表现与休整几个阶段(见图4-1)。团队的形成阶段主要是组建团队的过程。磨合阶段是团队从组建到规范阶段的过渡过程。经过磨合阶段,团队的工作开始进入有序化状态,团队的各项规则经过建立、补充与完善,成员之间经过认识、了解与相互定位,形成了自己的团队文化、新的工作规范,培养了初步的团队精神。表现阶段是团队状态最好的时期,团队成员之间彼此高度信任、相互默契,工作效率大大提高,工作效果明显,团队进入比较成熟期。休整阶段包括休止与整顿两个方面的内容。

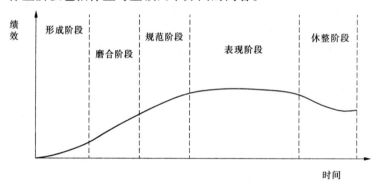

图4-1　项目团队生命周期示意图

从以上分析中可以看出,由于项目、项目团队建设具有生命周期,员工的归属感对于工程建设的成功与否至关重要。设置指标:员工满意度。其数据统计利用顾客满意度(Customer Satisfaction Index,CSI)调查法。

3. 公平竞争

对于水资源工程建设来说,对公平竞争影响最大的就是工程腐败和垄断。工程建设领域资本密集、涉及面广、管理环节多、队伍成分复杂,极易产生权钱交易、贪污腐化和暗箱操作,使其成为腐败问题高发、易发的重点领域。近年来,"工程建起来,干部倒下去"的案例屡有发生。工程建设及管理活动中存在的违纪违法问题主要表现为:"三拍工程"(拍脑袋决策、拍胸口保证、拍屁股走人)、"三边工程"(边勘测、边设计、边施工)、劳民伤财的"形象工程"、脱离实际的"政绩工程";"权力寻租",审批环节"吃、拿、卡、要";征地拆迁弄虚作假;工程发包人为干预,"条子工程""人情工程""家族工程"等,为少数掌握工程决定权的人提供了以权谋私的空间;招标投标暗箱操作,建设单位规避招标,肢解工程,化整为零,度身招标,施工单位挂靠高资质企业,骗取中标,收买相关人员合谋中标,组成临时联盟围标串标,中标后将工程分包、转包等;采购物资中饱私囊,出现"舍优求劣""舍廉求贵"等现象;工程结算暗藏玄机。

　　对于这些违法违纪行为,一方面要靠制度建设,如水资源工程建设的"四制"(项目法人责任制、招标投标制、建设监理制、合同管理制),另一方面,要靠社会监督和纪检监察部门的监督稽核。我国已颁布了相关的规定,如《水利基本建设项目稽察暂行办法》等。因此,要从项目内部和外部出发,保证水资源工程的廉洁性。设置指标:违法违纪行为件数。

4.7.3　指标框架

　　综上所述,人文责任指标框架见表4-7。

表4-7　人文责任指标框架

指标	因素项	分因素项	性质	单位	评价阶段		
					决策	建设实施	运营维护
人文责任	工程文化	进度绩效指数	定量指标	%		√	
		工程获奖项数	定量指标	个		√	
		工程组织的合理性	定性指标	专定打分	√	√	√
		工程制度的完善性	定性指标	专定打分	√	√	√
	工程伦理	先进个人与集体数	定量指标	个	√	√	
		员工满意度	定量指标	%		√	√
		违法违纪行为件数	定量指标	次/年	√	√	√

4.8　本章小结

　　本章主要内容为水资源工程社会责任评价指标体系的分析与创建。在分析水资源工程与社会、环境、经济相互关系基础上,建立了水资源工程社会责任评价的五个子项目:技术责任、经济责任、生态责任、社区责任和人文责任。在此基础上,针对水资源工程的特点,探讨了五个子项目的各个分因素,构建了水资源工程社会责任的评价指标体系,共分为五类 36 个评价指标,给出了相应定量指标的计算公式[137]。

第 5 章　水资源工程社会责任评价方法与模型

按照生命周期理论,水资源工程生命周期包括工程决策阶段、工程建设实施阶段和工程运营维护阶段。为了满足水资源工程管理的需要,在水资源工程建设的不同阶段,水资源工程社会责任评价的目的和侧重点是不同的,应当分阶段对水资源工程社会责任进行评价。为了对水资源工程决策阶段、建设实施阶段、运营维护阶段的社会责任进行评价,需要研究基于生命周期的水资源工程社会责任评价方法以及每一个阶段社会责任的评价模型。

5.1　基于生命周期的分阶段综合评价方法

目前,在项目财务评价和经济分析中,一般主要采用分阶段单指标评价法。有关水资源工程的综合评价,主要是前评价和后评价,缺乏基于水资源工程生命周期的全过程评价。传统的综合评价方法,不利于及时发现和解决问题,不能及时调整水资源工程产生的各种不良影响,不能促进水资源工程各参与方的有效沟通。为了实现水资源工程全生命周期的最高目标,采用分阶段综合评价方法对水资源工程社会责任进行评价。

5.1.1　水资源工程社会责任分阶段综合评价的内涵

根据全生命周期评价理论,水资源工程社会责任评价应从其工程决策、建设实施和运营维护全过程进行分析,才能全面反映水资源工程在其寿命周期内社会责任是否具有可持续性。水资源工程全生命周期包括决策阶段、建设实施阶段和运营维护阶段。出于水资源工程管理和实施的需要,需要对决策阶段、建设实施阶段和运营维护阶段的社会责任进行分别评价,即决策阶段社会责任评价是为政府等有关部门决策提供依据,建设实施阶段社会责任评价是为制订实施方案等提供依据,而运营维护阶段社会责任评价是为总结经验、评价实施效果等提供依据。由此可见,决策阶段的公众参与保证了决策的科学性与民主性,建设实施阶段的工程文化建设保证了工程质量、进度、投资、安全等基本目标的实现,运营维护阶段的利益共享保证了水资源工程效益的最大化及和谐性的提升。因此,如果从整个水资源工程寿命来分析和控制社会责任,就能实现水资源工程的理想状态——和谐。对于水资源工程社会责任的各个阶段,从其评价指标构成来看,水资源工程社会责任包括技术责任、经济责任、生态责任、社区责任和人文责任等方面的指标,这些指标分别说明某个阶段水资源工程社会责任的不同方面,共同构成水资源工程社会责任这个整体。

因此,水资源工程社会责任评价方法应该是基于全生命周期的分阶段综合评价方法。将水资源工程社会责任评价过程划分为决策、建设实施、运营维护三个阶段,分阶段地进行综合评价,从而实现对水资源工程社会责任状态实时地监控。

水资源工程社会责任分阶段综合评价示意图如图 5-1 所示。

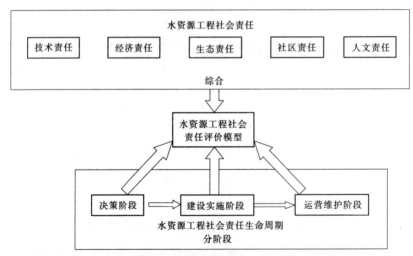

图 5-1　水资源工程社会责任分阶段综合评价示意图

5.1.2　水资源工程社会责任分阶段综合评价模型

水资源工程社会责任分阶段综合评价方法可以用以下数学模型表示:

$$B_j = f_j(\Omega_j, \mu_j, w_j) \tag{5-1}$$

式中:B_j 为第 j 个阶段的综合评价结果;(Ω_j, μ_j, w_j) 分别表示第 j 个阶段各指标数量及性质、各指标的评价值和评价指标的权重;f_j 为第 j 个阶段的评价模型,j 取 1、2、3,分别代表决策阶段、建设实施阶段和运营维护阶段。

由式(5-1)得到水资源工程决策阶段、建设实施阶段和运营维护阶段社会责任评价数学模型,分别见式(5-2)~式(5-4)。

$$B_1 = f_1 \begin{pmatrix} \Omega(25), \mu_1(\mu_{11},\mu_{12},\mu_{21},\cdots,\mu_{26},\mu_{31},\cdots,\mu_{36},\mu_{41},\cdots,\mu_{47},\mu_{51},\cdots,\mu_{54}), \\ \omega_1(w_{11},w_{12},w_{21},\cdots,w_{26},w_{31},\cdots,w_{36},w_{41},\cdots,w_{47},w_{51},\cdots,w_{54}) \end{pmatrix}$$

$$(5\text{-}2)$$

$$B_2 = f_2 \begin{pmatrix} \Omega(33), \mu_2(\mu_{11},\cdots,\mu_{16},\mu_{21},\cdots,\mu_{26},\mu_{31},\cdots,\mu_{36},\mu_{41},\cdots,\mu_{48},\mu_{51},\cdots,\mu_{57}), \\ \omega_2(w_{11},\cdots,w_{16},w_{21},\cdots,w_{26},w_{31},\cdots,w_{36},w_{41},\cdots,w_{48},w_{51},\cdots,w_{57}) \end{pmatrix}$$

$$(5\text{-}3)$$

$$B_3 = f_3 \begin{pmatrix} \Omega(32), \mu_3(\mu_{11},\cdots,\mu_{16},\mu_{21},\cdots,\mu_{27},\mu_{31},\cdots,\mu_{36},\mu_{41},\cdots,\mu_{48},\mu_{51},\cdots,\mu_{55}), \\ \omega_3(w_{11},\cdots,w_{16},w_{21},\cdots,w_{27},w_{31},\cdots,w_{36},w_{41},\cdots,w_{48},w_{51},\cdots,w_{55}) \end{pmatrix}$$

$$(5\text{-}4)$$

采用这样的评价方法,是由于随着阶段的变化、评价目的的变化,原有的评价指标体系中的若干指标可能失去存在的价值,为了真正体现评价的目的,反映事物发展的真实状况,必须对原有指标进行重构;进而各个指标在指标体系中的权重分布、评价标准也会随之发生一定的变化,这时也有必要对指标权重和评价标准进行调整;为了保持评价的简单、一致,评价模型可以保持全过程一致。

5.2 水资源工程社会责任评价数学模型选择

对于决策、建设实施和运营维护等各阶段的社会责任评价,都需要建立相应的评价模型。评价模型的建立应该遵循如下原则:选择评价者最熟悉的评价模型;所选择的模型必须有坚实的理论基础,能为人们所信服;所选择的模型必须简明,尽量降低算法的复杂性;所选择的模型能够正确反映评价对象和评价目的。在综合评价模型中,各单项指标权重系数和评价数学模型的确定是两个极为关键的问题,不同的权重系数和评价模型决定着综合评价结果的准确性。

5.2.1 指标权重系数

权重系数用来表示各个评价指标之间相对重要程度大小,在确定评价对象与评价指标之后,综合评价结果的正确性就依赖于权重系数了。指标权重计算的合理与否在很大程度上影响了综合评价结果的正确性和科学性。有关指标权重的确定方法,常用的主要有三类。

第一类是主观赋权法,如德尔菲法、最小平方和法、特征向量法等,多采用综合咨询评分的定性方法,这类方法因为受到人为主观因素的影响,经常会夸大或降低某些指标的重要性,致使指标排序的结果不能够完全真实地反映评价对象的客观情况。第二类是客观赋权法,其原理是根据各个指标间的相互关系或各项指标取值的变异程度去确定权重,从而避免了主观因素影响带来的偏差,如主成分分析法、因子分析法、熵值法、多目标最优化法、线性规划法和误差分析法等。主成分分析法和因子分析法都是通过贡献率来确定权重的,一个是通过主成分的贡献率,一个是通过因子对系统的贡献率,这两种方法确定的权重往往与现实的情况不符合。第三类是主客观集成赋权法,常见的如折衷系数综合法、熵系数综合法、线性加权单目标最优化法、基于神经网络的专家法、基于粗集理论的权重求解法、Frank-Wolfe 法、组合赋权法等。主客观集成赋权法具有比较完美的数学理论基础,并且也取得了一定的初步研究成果,但缺点在于算法普遍比较复杂,这在一定程度上影响了其应用性。

层次分析法(AHP)的基本思想就是把某个决策问题划分为多层次的递阶控制关系,最高层为决策的目标层,中间层是准则层,可以根据问题的需要确定更多的子准则层,最底层为指标层。在这种递阶层次关系中,下一层因素受上一层因素的控制,可以通过两两比较的做法,确定下层元素对上层元素的重要程度,这就是指标权重。AHP 方法通过分析影响决策目标的一系列因素,比较各因素相对重要程度,最终获得指标层各指标对于目标层的重要程度分布。AHP 方法简单易懂,操作简单,理论基础缜密,因而得到了广泛的应用。这种假想的递阶层次结构简化了系统内部因素的相互关系,给处理复杂系统问题带来了较大的方便,能够为决策者解决大量复杂的系统问题。

为了对专家权重数据集合进行处理,借鉴灰色相近关联度的思想,以最大的专家权重值为参照序列,根据下文提出的数学模型进行专家权重的组合,再经过归一化处理,最后求得各决策指标的权重值。该模型以经过 AHP 处理后的各个专家的权重数据集合为原始输入数据来进行纯数值计算,计算过程不受专家的主观因素干扰,在充分利用专家的主观信息的同时,利用简易的数学模型对各个指标权重进行客观计算,使得到的权重在反映主观程度的同时,也能够充分地反映客观程度。

5.2.2　综合评价数学模型

目前常用的评价方法主要有专家打分评价法、层次分析法、数据包络分析法、模糊数学法、运筹学法、人工神经网络评价法、灰色数学评价法等。由于水资源工程社会责任的评价指标中,既具有定量成分,又具有定性成分,从多方面对其进行评价难免带有模糊性和主观性,采用模糊数学的方法进行综合评判将使结果尽量客观,从而取得更好的实际效果[138]。因此,本书选择了模糊数学法与层次分析法相结合的模糊层次评价方法(FAHP)。同时,本书对AHP 方法权重确认进行了改进,建立了改进模糊层次分析模型(IFAHP)。

5.3　改进模糊层次分析模型(IFAHP)构建

水资源工程决策阶段社会责任评价指标体系见表5-1。

表5-1　水资源工程决策阶段社会责任评价指标体系

水资源工程社会责任	技术责任(U_1)	除害兴利能力
		防灾能力
	经济责任(U_2)	财务内部收益率
		资产负债率
		经济内部收益率
		受益区人均 GDP
		产业结构合理程度
		单位投资就业人数
	生态责任(U_3)	保护土地和占用土地比
		水资源开发强度
		生物物种完整性指数
		地质灾害频度
		环境质量达标率
		文物和景观资源保护率

续表 5-1

水资源工程社会责任	社区责任(U_4)	工程投诉事件数
		脱贫率
		补偿政策完善程度
		参与者构成的合理性
		工程知识宣传和信息发布次数
		公众参与经费保证率
		项目支持率
	人文责任(U_5)	工程组织的合理性
		工程制度的完善性
		先进个人与集体数
		违法违纪行为件数

5.3.1　确定评价对象影响因素集

5.3.1.1　模糊综合评价集合 U 的建立

对某一事物进行模糊评价,设评价的指标因素为 $u_i(i=1,2,\cdots,n)$,则 u_i 就构成一个关于评价因素的有限集合,记为

$$U = (u_1,u_2,\cdots,u_n) \tag{5-5}$$

在水资源工程决策阶段社会责任评价中,中间层评价集合为(技术责任,经济责任,生态责任,社区责任,人文责任)。

5.3.1.2　评语集的确定

假设根据评价对象需要将评语划分为 m 个评语等级,分别记作 $v_j(j=1,2,\cdots,m)$,则构成一个关于评语的有限集合,记为

$$V = (v_1,v_2,\cdots,v_m) \tag{5-6}$$

模糊综合评价评语集一般分为三级评语集、五级评语集、七级评语集、九级评语集等。水资源工程决策阶段社会责任评价指标体系的评语集设为五级(很差,差,一般,良好,优秀)。

5.3.2　确定评价指标权重

5.3.2.1　权重确定的理论分析

使用层次分析法确定水资源工程决策阶段社会责任评价指标权重的步骤如下：

(1)建立综合评价指标的层次结构。建立如表5-1所示的水资源工程社会责任评价指标体系,实际上是一个三层级递阶的层次结构。

(2)建立每一层的两两比较判断矩阵。判断矩阵是层次分析法的基本信息,也是进行重要度计算的重要依据。首先根据参加水资源工程社会责任评价的专家的判断,对 V 层因素相对于 U 层第 k 个因素重要度进行两两比较,从而得到比较判断矩阵 $P_k^{(V)}$,判断矩阵 $P_k^{(V)}$ 中的元素 a_{ij} 表示 i 指标与 j 指标相对重要度之比,数学表达式为

$$P_k^{(V)} = \begin{bmatrix} a_{11} & a_{12} & \cdots & a_{1n} \\ a_{21} & a_{22} & \cdots & a_{2n} \\ \vdots & \vdots & & \vdots \\ a_{n1} & a_{n2} & \cdots & a_{nn} \end{bmatrix} \tag{5-7}$$

并且有下述关系：

$$a_{ij} = \frac{1}{a_{ji}}, \quad a_{ij} = 1 \qquad (i,j = 1,2,\cdots,n) \tag{5-8}$$

比值越大,则 i 的重要度就越高。

①确定评价标度。本书采用 1 ~ 9 重要性标度来表示这种比较判断的结果,其中：

1—两两比较指标是同等重要的;

3—两两比较指标是前者比后者略微重要的;

5—两两比较指标是前者比后者相当重要的;

7—两两比较指标是前者比后者明显重要的;

9—两两比较指标是前者比后者绝对重要的。

同时可以使用 2、4、6、8 表示两两比较指标前者比后者重要度的中间值。反过来,1/3 表示两两比较指标的后者比前者略微重要,依次类推。

②建立一级指标层判断矩阵。技术责任 U_1、经济责任 U_2、生态责任 U_3、社区责任 U_4 和人文责任 U_5 五个一级指标两两比较。

③建立二级指标层判断矩阵。一共需要建立五个二级判断矩阵。技术责任(U_1)中除害兴利能力(V_{11})、防灾能力(V_{12})两个二级指标两两比较;经济

责任(U_2)中财务内部收益率(V_{21})、资产负债率(V_{22})、经济内部收益率(V_{23})、受益区人均 GDP(V_{24})、产业结构合理程度(V_{25})和单位投资就业人数(V_{26})六个二级指标两两比较;生态责任(U_3)中保护土地和占用土地比(V_{31})、水资源开发强度(V_{32})、生物物种完整性指数(V_{33})、地质灾害频度(V_{34})、环境质量达标率(V_{35})与文物和景观资源保护率(V_{36})六个二级指标两两比较;社区责任(U_4)中工程投诉事件数(V_{41})、脱贫率(V_{42})、补偿政策完善程度(V_{43})、参与者构成的合理性(V_{44})、工程知识宣传和信息发布次数(V_{45})、公众参与经费保证率(V_{46})和项目支持率(V_{47})七个二级指标两两比较;人文责任(U_5)中工程组织的合理性(V_{51})、工程制度的完善性(V_{52})、先进个人与集体数(V_{53})和违法违纪行为件数(V_{54})四个二级指标两两比较。

(3)求单权重向量及一致性检验。求出 U 层 k 因素对应矩阵 $P_k^{(V)}$ 的最大特征值 $\lambda_{\max,k}^{(V)}$ 及其归一化的特征向量,其中 $w_{i,k}^{(V)} \geq 0$ 且 $\sum_{i=1}^{n} w_{i,k}^{(V)} = 1$,则 $W_k^{(V)}$ 为 V 层因素对 U 层 k 因素的单权重向量。由于对比较复杂的矩阵求其最大特征值 $\lambda_{\max,k}^{(V)}$ 及其归一化的特征向量 W 是比较困难的,所以可以采用如下的近似做法。

将 $P_k^{(V)}$ 的每一个列向量归一化:

$$\overline{w}_{ij} = a_{ij} / \sum_{i=1}^{n} a_{ij} \tag{5-9}$$

对 $\overline{w}_{ij}$ 求各行和:

$$\overline{w}_{i,k}^{(V)} = \sum_{j=1}^{n} \overline{w}_{ij} \tag{5-10}$$

由式(5-9)和式(5-10)得 $\overline{W}_k^{(V)} = [\overline{w}_{1,k}^{(V)}, \overline{w}_{2,k}^{(V)}, \cdots, \overline{w}_{n,k}^{(V)}]^T$,将 $\overline{w}_{i,k}^{(V)}$ 归一化,得

$$w_{i,k}^{(V)} = \frac{w_{i,k}^{(V)}}{\sum_{j=1}^{n} \overline{w}_{j,k}^{(V)}} \qquad (i = 1, 2, \cdots, n) \tag{5-11}$$

$W_k^{(V)} = [w_{1,k}^{(V)}, w_{2,k}^{(V)}, \cdots, w_{n,k}^{(V)}]^T$ 即为所求特征向量的值,也是各个元素的相对权重。

计算 $P_k^{(V)}$ 的最大特征值:

$$\lambda_{\max,k}^{(V)} = \frac{1}{n} \sum_{i=1}^{n} \frac{(P_k^{(V)} \cdot W_k^{(V)})_i}{w_{i,k}^{(V)}} \tag{5-12}$$

式中,$(P_k^{(V)} \cdot W_k^{(V)})_i$ 是向量 $(P_k^{(V)} \cdot W_k^{(V)})$ 的第 i 个元素。

计算一致性指标 $CI_k^{(V)}$：

$$CI_k^{(V)} = \frac{\lambda_{\max,k}^{(V)} - n}{n - 1} \tag{5-13}$$

计算一致性比率 $CR_k^{(V)}$：

$$CR_k^{(V)} = \frac{CI_k^{(V)}}{RI_k^{(V)}} \tag{5-14}$$

$RI_k^{(V)}$ 为随机一致性指标，其值可以从表 5-2 取得。

表 5-2　随机一致性指标取值

n	1	2	3	4	5	6	7	8	9
RI	0	0	0.58	0.96	1.12	1.24	1.32	1.41	1.45

当 $CR_k^{(V)} < 0.1$ 时，可以认为判断矩阵的一致性可以接受。

（4）求组合权重向量及组合一致性检验。设矩阵 $V^{(V)} = [W_1^{(V)}, W_2^{(V)}, \cdots,$ $W_m^{(V)}]$，其中 $W_k^{(V)}$ 是由第 V 层各因素对于第 U 层的第 k 个因素的单权重组成的列向量，则可得到第 V 层对总目标层的组合权重向量 W：

$$W = V^{(V)} W^{(U)} \tag{5-15}$$

其中，$W^{(U)}$ 为 U 层对最高层的权重向量。为确定组合权重向量是否可以作为最终决策的依据，还要进行组合权重的一致性检验。若第 V 层的一致性指标为 $CI_1^{(V)}, CI_2^{(V)}, \cdots, CI_m^{(V)}$（$m$ 为第 U 层因素的数目），随机一致性指标为 $RI_1^{(V)}, RI_2^{(V)}, \cdots, RI_m^{(V)}$，则可定义：

$$CI = [CI_1^{(V)}, CI_2^{(V)}, \cdots, CI_m^{(V)}] W^{(U)} \tag{5-16}$$

$$RI = [RI_1^{(V)}, RI_2^{(V)}, \cdots, RI_m^{(V)}] W^{(U)} \tag{5-17}$$

第 V 层对第 1 层的组合一致性比率为

$$CR^{(V)} = CR^{(U)} + \frac{CI}{RI} \tag{5-18}$$

若 $CR^{(V)} < 0.1$，则认为整个层次的比较判断通过一致性检验。

5.3.2.2　权重计算

根据上文的理论分析，先采用德尔菲法确定指标间的相对重要性，通过一致性检验后，再采用层次分析法进行统计分析，计算出各项指标评价的权重。问卷调查领域应当涵盖水利、农业、林业、人类学、社会学、环保及数学等方面的专家；从工作单位和地区讲，主要包括水利部、水利经济研究会、省级相关政府机构、勘察设计院、水利高等院校等。

5.3.2.3　最终权重的确认

为了求出各个专家组合后的最终权重,对于有效专家问卷,采用一个简单的数学模型,对有效专家权重进行了组合,得出最终的权重。其数学模型如下。

(1)确定初始权重矩阵。将每个专家的权重数据列成矩阵形式。设有 n 个评价指标和 m 个专家,矩阵形式表示如下:

$$X = (X_1, X_2, X_3, \cdots, X_n)^{\mathrm{T}}$$

$$X = \begin{bmatrix} x_1(1) & x_1(2) & x_1(3) & \cdots & x_1(m) \\ x_2(1) & x_2(2) & x_2(3) & \cdots & x_2(m) \\ x_3(1) & x_3(2) & x_3(3) & \cdots & x_3(m) \\ \vdots & \vdots & \vdots & & \vdots \\ x_n(1) & x_n(2) & x_n(3) & \cdots & x_n(m) \end{bmatrix} \tag{5-19}$$

(2)确定参考序列。从初始矩阵 X 中挑选一个最大的权重值作为参考权重值,将此值作为各个专家的参考权重值组成参考数据列 X_0。

$$X_0 = \left[x_0(1), x_0(2), x_0(3), \cdots, x_0(m) \right] \tag{5-20}$$

(3)求各个指标序列 $(X_1, X_2, X_3, \cdots, X_n)$ 与参考数据列 X_0 之间的距离。

$$D_{0i} = \sum_{k=1}^{m} \left[x_0(k) - x_i(k) \right]^2 \tag{5-21}$$

(4)求各个指标的最终权重。

$$\omega_i = \frac{1}{1 + D_{0i}} \tag{5-22}$$

(5)将各个指标的权重归一化。

$$\omega_i^* = \frac{\omega_i}{\sum\limits_{i=1}^{n} \omega_i} \tag{5-23}$$

5.3.2.4　小结

(1)方法的适用性。采用 AHP 模型,利用 $1 \sim 9$ 标度方法,确定水资源工程社会责任各指标的初始权重,计算准确,原理简单,易于理解,可操作性强。在初始权重求出以后,为了同时反映决策者的主观信息和决策的客观信息,而且满足计算简便、实用性较强的要求,本书提出了一种求解指标权重的主客观集成方法。该方法在专家给出的主观初始权重矩阵的基础上,构建了一个理想权重数列,并提出了一个基于理想权重数列的数学模型。利用 AHP 方法得到各个专家的初始权重集合,在此基础上进行纯数值运算,计算过程不受专家主观因素的干扰,因此求得的最终权重值在反映主观程度的同时,也能更好地体现客观程度。

(2)重点的突出性。不同专家的关注点各有侧重,从而能够全面地反映水资源工程社会责任状态。

5.3.3　确定单指标评价模糊向量

评价指标可分为定性指标和定量指标,以下讨论这两类指标的模糊向量的确定方法。

5.3.3.1　定量单指标模糊向量的确定方法

确定定量指标隶属度的方法很多,如概率统计法、分段函数法、已知模糊分步法和二元对比排序法等,采用线性分析法。线性分析法属于分段函数法的一种,该方法首先在一个连续的区间段上确定一系列分界点值,然后将实际定量指标值通过线性内插公式进行数据处理,这样就可以得到该指标值相对应的隶属度值。线性分析法使用简单方便,比较容易计算,另外本书采用工程评价中广泛应用的半梯形和梯形分布函数作为隶属度函数,具体方法如下。

评价指标因素集取值为 $\mu = (\mu_1, \mu_2, \cdots, \mu_n)$,评价等级标准为 $V = (v_1, v_2, \cdots, v_m)$,设 v_j 和 v_{j+1} 为相邻两级标准,且 $v_{j+1} > v_j$,则 v_j 级隶属函数为

$$r_1 = \begin{cases} 1 & (\mu_i \leqslant v_1) \\ \dfrac{v_2 - \mu_i}{v_2 - v_1} & (v_1 < \mu_i < v_2) \\ 0 & (\mu_i \geqslant v_2) \end{cases} \tag{5-24}$$

$$r_2 = \begin{cases} 1 - r_1 & (v_1 < \mu_i \leqslant v_2) \\ \dfrac{v_3 - \mu_i}{v_3 - v_2} & (v_2 < \mu_i < v_3) \\ 0 & (\mu_i \geqslant v_3 \text{ 或 } \mu_i \leqslant v_1) \end{cases} \tag{5-25}$$

$$r_j = \begin{cases} 1 - r_{j-1} & (v_{j-1} \leqslant \mu_i \leqslant v_j) \\ \dfrac{v_{j+1} - \mu_i}{v_{j+1} - v_j} & (v_j < \mu_i < v_{j+1}) \\ 0 & (\mu_i \geqslant v_{j+1} \text{ 或 } \mu_i \leqslant v_{j1}) \end{cases} \tag{5-26}$$

5.3.3.2　定性单指标模糊向量的确定方法

对于定性指标的单因素评价较难以定量化,采用模糊统计方法确定其隶属函数。对评语集 $V = (v_1, v_2, \cdots, v_m)$,让参与评价的专家对指标 u_i 进行评

定,统计评价结果属于等级 V_j 的频数 M_{ij},进一步得到:

$$\mu_{v_j}(D_i) = M_{ij}/N \tag{5-27}$$

式中:M_{ij} 为评价结果属于 V_i 的次数;N 为参与评价的专家人数;$\mu_{v_j}(D_i)$ 为 $D_i \in V_j$ 的隶属度。

指标 u_i 的隶属函数为

$$\mu_{v_j}(u_i) = \frac{\mu_{v_1}(D_i)}{V_1} + \frac{\mu_{v_2}(D_i)}{V_2} + \cdots + \frac{\mu_{v_m}(D_i)}{V_m} \tag{5-28}$$

5.3.4　综合评价

5.3.4.1　单指标模糊评价

单独从一个指标出发进行评价,以确定评价对象对评价集合 V 的隶属程度,称为单指标模糊评价。假设评价对象按因素集 U 中的第 i 个因素 U_i 进行评价,对评价集 V 中第 j 个元素 v_j 的隶属度为 r_{ij},则对 u_i 的评价结果可以用下面的模糊集合进行表示:

$$r_i = (r_{i1}, r_{i2}, \cdots, r_{im}) \tag{5-29}$$

单指标模糊评价是进行综合评价的关键所在,一般是通过模糊统计法进行的。在所有指标都进行分别评价之后,就可以得到评价矩阵。

$$R = \begin{bmatrix} r_{11} & r_{12} & \cdots & r_{1m} \\ r_{21} & r_{22} & \cdots & r_{2m} \\ \vdots & \vdots & & \vdots \\ r_{n1} & r_{n2} & \cdots & r_{nm} \end{bmatrix} \tag{5-30}$$

R 称为单指标评价矩阵,可以确定为评价 U 和评语集 V 之间的一种模糊关系,即影响指标与评价对象之间的"合理关系"。

5.3.4.2　多指标模糊评价

将单指标评价矩阵与指标权重集合进行模糊变换,设其权重集合为 $W = (w_1, w_2, \cdots, w_n)$,可以得模糊综合评价模型。

$$B = W \circ R = (w_1, w_2, \cdots, w_n) \circ \begin{bmatrix} r_{11} & r_{12} & \cdots & r_{1m} \\ r_{21} & r_{22} & \cdots & r_{2m} \\ \vdots & \vdots & & \vdots \\ r_{n1} & r_{n2} & \cdots & r_{nm} \end{bmatrix} = (b_1, b_2, \cdots, b_m)$$

$$\tag{5-31}$$

式(5-31)中的。表示一种合成方法,即模糊算子的某种组合,模糊算子有若干组合,不同的组合可以构成不同的评价模型。b_j 表示被评价对象具有评语 v_j 的程度。本书采用的模糊算子合成运算是普通矩阵乘法(加权平均法),这种合成模型让每个指标都对综合评价有所贡献,能够比较客观地反映评价对象的整体。

5.4　本章小结

本章对水资源工程社会责任评价数学模型进行了研究,结合水资源工程社会责任指标体系的特点和评价制度,通过对现有的、成熟的综合评价数学模型进行比较和分析,选用改进层次分析法与模糊综合评价法相结合的评价数学模型对水资源工程社会责任进行评价。利用改进层次分析法确定水资源工程社会责任评价各指标体系的权重,并采用计算机软件进行权重计算。设置了决策阶段水资源工程社会责任评价的五级评语集(很差,差,一般,良好,优秀),利用线性分析法确定各定量指标的隶属函数,利用模糊统计法确定各定性指标的隶属函数,从而构建了水资源工程社会责任评价的模糊数学模型。

第6章　结论与展望

6.1　结　论

（1）工程是物质、精神和知识这三大要素的系统集成过程及其产物。人类通过有目的性的工程活动，将工程系统、社会系统和自然系统紧密地联系在一起，工程是包含着人类价值追求的过程和结果。从工程发展来看，工程就是人类价值追求的展开过程，工程构思和决策阶段是价值选择的阶段，工程开工建造形成人工物阶段是价值实现的过程，工程运行的过程是价值增值的过程。

水资源工程与水生态系统之间进行着物质和能量的互换，在运动中追求着工程与生态的和谐。水资源工程的社会功能具有正负二重性，正的功能就是水资源工程的经济效益和社会效益，负的功能就是水资源工程的社会成本和经济成本。水资源工程是对工程进行社会选择或建构的过程和结果，通过工程的公众参与实现水资源工程与社会、经济的和谐。水资源工程文化的基本内容包括工程活动的物质文化、精神文化和制度文化，这是一种追求工程与人文和谐的工程文化。

（2）水资源工程社会责任是指水资源工程共同体在进行水资源工程活动时，要对工程自身、生态环境、社会公众和子孙后代的生存和发展负责，将水资源工程活动对自然、社会和人产生的可能与实际危害消除或者降到最低程度。水资源工程社会责任的核心是以人为本，最终目标是实现人与水的和谐共存，使水资源工程达到工程的和谐状态。

从系统与环境的关系上讲，水资源工程社会责任是指在水资源工程建设中，为了实现水资源工程自身系统内部、系统与水环境之间、系统与社会环境之间以及系统与人文环境之间的和谐发展，水资源工程共同体所采取的控制和协调行为。水资源工程社会责任包括技术责任、经济责任、生态责任、社区责任和人文责任。水资源工程社会责任主体是多元的，其中涉水企业是实施者，政府是监控者，其他各利益相关者是协调者和参与者。涉水企业作为水资源工程社会责任的主要主体，是最主要的实施者，是水资源工程社会责任的核心主体。水资源工程的建设可以分为不同的阶段，包括决策、建设实施和运营维护阶段,不同的阶段对水资源工程的社会责任有着不同的作用和影响。

由此,水资源工程社会责任的内容、阶段、主体和工程类型构成了水资源工程社会责任的四维体系。

(3)政府的工程社会责任、企业的工程社会责任和社团的工程社会责任等共同构成了水资源工程社会责任的三重性结构。政府要践行科学发展观的指导思想——思想保障,推进水资源工程的制度建设——法律保障,提高水资源工程的综合效益——经济支撑,增强水资源工程的创新能力——技术支撑。企业要强化工程文化建设,提高员工伦理道德素质,促进企业、人与自然和谐共存;依法经营,完善内部工程管理制度建设,树立以人为本的管理理念;提高水资源工程经济效益,满足对社会的经济贡献,增强自身经济实力;构建精品工程,增强企业履行社会责任的实力。社团组织要积极参与,提高社团成员的社会责任意识,积极进行工程监督和举报;依法活动,完成章程使命;积极参与水资源工程建设,依法维护社团成员的合法经济利益;开展水资源工程研究,普及水资源工程知识。

(4)水资源工程社会责任的评价机制是政府、社团、专业评级机构三结合的社会化、专业化的评价。水资源工程社会责任评价是对水资源工程活动的一种监督和管理。对水资源工程活动的监督管理可以分为项目的内部监督管理、政府的监督管理和社会的监督管理。作为评价行为的实施者,水资源工程社会责任评价者的构成是多元的。水资源工程社会责任评价是一个社会化的评价过程,是公众参与水资源工程的过程。政府——水资源工程社会责任评价的管理主体。政府介入企业社会责任活动,可以对那些不自觉承担水资源工程社会责任的、损害社会公共利益的涉水企业实行一定程度的管制,规范涉水企业行为,使它们符合社会的相关要求,在水资源工程中承担其应承担的社会责任。政府作为管理主体,在水资源工程社会责任评价中,可以推进公众参与水资源工程社会责任评价。社团——水资源工程社会责任评价的参与主体,由于受到许多主客观条件的制约,公众参与的实际效果并不理想。参与者参与意识、工程素养有待提高,组织者与参与者缺乏连续性和互动性,参与的方式被动、单一。应加强社团组织的建设,促进公众参与的信息交流,提高公众参与能力。评级机构——水资源工程社会责任评价的直接主体。

(5)水资源工程社会责任评价模式宜采用目前我国常用的听证制度形式,其主要原因是听证制度在我国已经有了一定的法律基础和实践经验,并且听证制度也可以保证评价过程的科学性和民主性,提高社会参与度。为此,在水资源工程社会责任的评价中,应当积极引入听证制度,并对听证制度进行逐步完善。

（6）在设置水资源工程社会责任指标体系时，应当考虑水资源工程社会责任的性质、水资源工程社会责任的评价者构成以及水资源工程社会责任基本内容的要求。水资源工程社会责任指标体系构建要符合定性分析与定量分析相结合的原则，反映水资源工程社会责任的动态性、评价的专业性、公众参与性和综合性原则。在此基础上，构建了36个具体指标，并进行了阶段性分类。采用模糊综合评价的数学模型对水资源工程社会责任进行评价，指标权重的设置采用改进层次分析法。

6.2 创新点

本书的创新点有以下几个方面：

（1）从工程哲学角度，研究并提出水资源工程社会责任的内涵，并以此为依据构建了水资源工程社会责任的四维体系，即第一维是由政府、企业和社团组织组成的三大主体；第二维是由规划决策、建设实施和运营维护组成的三个阶段；第三维是由技术责任、经济责任、生态责任、社区责任和人文责任组成的五个方面；第四维是工程类型。

（2）从评价机制、评价模式和评价内容三方面，构建了水资源工程社会责任评价体系，提出了包括政府、社团组织和专业评级机构的评价机制，设计了类似于听证形式的评价模式，从工程与经济、工程与技术、工程与生态、工程与社区、工程与人文等五方面分析并提出了评价内容。

（3）针对水资源工程的特点，探讨了水资源工程技术责任、经济责任、生态责任、社区责任和人文责任等社会责任评价的子项目以及各自的分因素，并按照水资源工程社会责任的三个阶段，研究并提出了决策阶段、建设实施阶段和运营维护阶段各自的评价指标，构建了水资源工程社会责任的评价指标体系。

（4）研究并提出了水资源工程社会责任的分阶段综合评价方法和模型。在对决策阶段、建设实施阶段和运营维护阶段社会责任分别进行评价时，结合各阶段水资源工程社会责任评价的特点与要求，选用了改进的层次分析法与模糊综合评价法相结合的评价模型，并利用改进的层次分析法确定指标权重，利用模糊综合评价法对各阶段的社会责任进行评价。

6.3　展　望

水资源工程社会责任问题是复杂问题,本书不能完全解决水资源工程社会责任的所有问题,因此基于工程哲学的水资源工程社会责任研究还需要不断地深入。对于水资源工程社会责任主体的责任分配等,都是未来需要研究的内容。作者相信,随着研究逐步深入,这些问题会得到完美的解决。

参 考 文 献

[1] 杨建科,王宏波,屈旻. 从工程社会学的视角看工程决策的双重逻辑[J]. 自然辩证法研究,2009(1):76-80.

[2] 陆佑楣. 从哲学高度不断认识水电工程[J]. 中国三峡建设,2005(2):4-8.

[3] 世界水坝委员会. 水坝与发展——决策的新框架[M]. 北京:中国环境科学出版社,2005.

[4] 麦卡利. 大坝经济学[M]. 北京:中国发展出版社,2005.

[5] 成虎. 工程管理概论[M]. 北京:中国建筑工业出版社,2007.

[6] 何继善,王孟钧. 工程与工程管理的哲学思考[J]. 中国工程科学,2008,10(3):9-12.

[7] 黎友焕. 论SA8000相对于国际标准体系的十大缺陷[J]. 亚太经济,2005(2):17-19.

[8] Adam Smith,Edwin Canan. The wealth of nations[M]. New York:Modern Library, 1937.

[9] 曹波. 企业社会责任及评价体系[D]. 北京:对外经济贸易大学,2007.

[10] Carroll A B,Buchholtz, Ann K. Business and Society:Ethics and stakeholder management [M]. Cincinnati, Ohio:South-Western Publishing Go.,2000.

[11] 袁家方. 企业社会责任[M]. 北京:海洋出版社,1990.

[12] Preston L E,Post J E. Private management and public policy:The principle of public responsibility[M]. Englewood Cliffs:Prentice Hall,1975.

[13] Frederick W C. From CSR1 to CSR2:The maturing of business and society thought[J]. Business and Socitey ,1994(2):150-164.

[14] Ackerman R W. The social challenge to business[M]. Cambridge(MA):Harvard University Press, 1975.

[15] Sethi S P. A conceptual framework for environmental analysis of social issues and evaluation of business response patterns[J]. Academy of Management Review,1979,4 (1):63-74.

[16] Buchholz, Rogene A. An Alternative to Social Responsibility[J]. MSU Business Topics, 1977,25(3):12-16.

[17] Carroll A B. A three-dimensional conceptual model of corporate performance[J]. Academy of Management Review,1979,4:497-505.

[18] Harto, Moore J. Property Rights and the Nature of the Firm[J]. Journal of Political Economy,1990, 98 (6):1119-1158.

[19] Schwartz M S,Carroll A B. Corporate Social Responsibility:A Three-Domain Approach [J]. Business Ethics Quarterly, 2003 ,13(4):503.

[20] Jones. M T, Wicks C A. Convergent stakeholder theory[J]. Acadamy of management review,1999, 24(2): 206-221.

［21］ Freeman R E. Strategic Management：A Stakeholder Approach［D］. Pitman：University of Minnesota. 1984.

［22］ Waddock S A. Leading corporate citizens：Vision, values, value added［M］. Boston：McGraw-Hill,2002.

［23］ Steg L C,Lindenberg V S, Groot T,et al. Towards a comprehensive model of sustainable corporate performance［M］. Groningen：University of Groningen,2003.

［24］ Amalric F,Pension Funds. Corporate Responsibility and Sustainability［M］. Zurich CCRS Centre for Corporate Responsibility and Sustainability, 2004.

［25］ 杜宝贵. 论技术责任的主体［J］. 科学研究,2002,20(2):123-126.

［26］ 远德玉,陈昌曙. 论技术［M］. 沈阳:辽宁人民出版社,1999.

［27］ Gerald Feinberg. The social and intellectual value of large project［J］. Journal of Franklin Institute,1973,21(3):42-47.

［28］ Raphael Sassower. Technoscientific angst：ethics and responsibility［M］. University of Minnesota Press,1997.

［29］ Hans Johns. The Imperative of Responsibility:In Search of an Ethies for the Technological Age［M］. Chicago:University of Chicago Press,1985.

［30］ Hans Lenk. Distributability problems and challenges to the future resolution of responsibility conflicts［J/OL］. http://www. scholar. lib. vt. edu/ejournals/SPT/spt. html. 2001.

［31］ 卡尔·米切姆. 技术哲学概论［M］. 天津:天津人民出版社,2000.

［32］ 高亮华. 人文视野中的技术［M］. 北京:中国社会科学出版社,1996.

［33］ 方秋明. 技术发展与责任伦理［J］. 科学技术与辩证法,2005,22(5):66-69.

［34］ Hans Jonas. The Imperative of responsibility:In Search of an Ethics for the Technological Age［M］. Chicago:University of Chicago Press,1985.

［35］ Hans Lenk. Progress,value,and responsibility［J］. SPT,1993,2(3):41-36.

［36］ F·拉普. 技术哲学导论［M］. 沈阳:辽宁科学技术出版社,1986.

［37］ Logsdon J M,Lewellvn R G. Expanding accountability to stakeholders：Trends and predictions［J］. Business and Society Review,2000,105 (4):419-435.

［38］ Prrini, Francesco. Building a European portrait of corporate social responsibility reporting ［J］. European Management Journal, 2005, 23 (6):611-627.

［39］ Chatterji,Aaron, David Levine. Breaking down the wall of codes evaluating non-financial performance measurement［J］. California Management Review,2006,48(2).

［40］ DJSI. The Dow Jones Sustainability Indexes［EB/OL］. http://www. sustainability-indexes. com/.

［41］ KLD Research & Analytics. 2007 Environmental, Social and Governance Ratings Criteria,［EB/OL］. http: www. kld. com/.

［42］ GRI. Sustainability Reporting Guildline ［EB/OL］. http://www. globalreporting. org/

Reporting Framework/G3Online/.

[43] Welford, Richard. Corporate Social Responsibility in Europe, North America and Asia[J]. Journal of Corporate Citizenship, 2005, 17:33-52.

[44] FTSE4Good Index Series Inclusion Criteria[EB/OL]. http://. www. ftse4good. com/.

[45] Ethibel. Ethibel Sustainability Indices Rulebook[EB/OL]. http://www. ethibel. com/.

[46] Account Ability. AA1000 Assurance Standards[EB/OL]. http://www. accountability21. net/.

[47] Deborah Leipziger. SA8000—the Definitive Guide to the New Social Standard[M]. New Jersey: Financial Times Lenden; Prentice Hall, 2001.

[48] ISO. ISO to go ahead with guidelines for social responsibility [EB/OL]. http:// www. iso. org/iso/pressrelease. htm? refid = Ref924.

[49] 陈迅, 韩亚琴. 企业社会责任分组模型及其应用[J]. 中国工业经济, 2005(9):99-105.

[50] 金立印. 企业社会责任运动测评指标体系实证研究[J]. 中国工业经济, 2006(6):114-120.

[51] 李正. 企业社会责任与企业价值的相关性研究[J]. 中国工业经济, 2006(2):77-83.

[52] 万莉, 罗怡芬. 企业社会责任的均衡模型[J]. 中国工业经济, 2006(9):117-124.

[53] 王浩. 基于利益相关者的企业社会责任评价[J]. 中国商界, 2008(6):190-191.

[54] 马英华. 企业社会责任及其评价指标[J]. 财会通讯, 2008(8):40-42.

[55] 彭净. 企业社会责任度模糊测评研究[D]. 成都: 四川大学, 2006.

[56] 叶陈刚. 企业社会责任评价体系的构建[J]. 财会月刊, 2008(18):41-44.

[57] 金碚, 李钢. 企业社会责任公众调查的初步报告[J]. 经济管理, 2006(3):13-16.

[58] 徐尚昆, 杨汝岱. 企业社会责任概念范畴的归纳性分析[J]. 中国工业经济, 2007(5):71-79.

[59] 张霞. 我国企业社会责任评价指标体系的构建[J]. 商场现代化, 2007(34):133-134.

[60] 李雄飞. 企业社会责任评价指标体系的构建[J]. 中国乡镇企业会计, 2007(9):103-104.

[61] 李立清. 企业社会责任评价理论与实证研究[J]. 南方经济, 2006(1):145-150.

[62] Asian Development Bank. Handbook for Poverty and Social Analysis[J]. A Working Document, 2001(12).

[63] Pearce D C. The Social Appraise of Projects[M]. Macmillan, 1981.

[64] Anandarup Ray. Cost-Benefit Analysis Issues and Method-logies [M]. Baltimore M D: Johns University Press, 1984.

[65] Gines de Rus, Vicente Inglada. Cost-benefit analysis of the high-speed train in Spain[J]. The Annals of Regional Science, 1997, 31(2):175-188.

[66] Heston Steven L, Nandi Saikat. A closed-form GARCH option valuation 4 mode[J]. The

Review of Financial Studies, 2000: 213-259.

[67] Little I M D, Mireless J A. Project Appraisal and Plan for Developing Counties[M]. New York: Basic Book,1974.

[68] UNIDO. Guide to Project Appraisal-Special Benefit-Cost Analysis in Developing Countries [M]. New York: United Nations,1978: 67-98.

[69] IDOAS,UNIDO. Manual for Evaluation of Industrial Projects[J]. 1980: 22-34.

[70] Frank Vanclay. Principles for social impact assessment: A critical comparison between international and US documents [J]. Environmental Impact Assessment Review, 2006 (26):3-14.

[71] Anand Patwardhan. Improving the methodology for assessing natural hazard[J]. Global and Planetary Change,2005(47):253-265.

[72] The author. The role of soeial impact assessment in urban planning:a case study of wolseley school,winnpeg,Manitoba[D]. The University of Manttoba of Canada,2000.

[73] GREG HAMPTON. Enhancing public participation through narrative analysis[J]. Policy Sciences,2004(37):261-276.

[74] Asian Development Bank(ADB). Guideline for Soeial Analysis of Development Projects [M]. New York:ADB,1991.

[75] Brown,Jonathan C. The Direet Operational Relevance of Social Assessments[M]. Cernea: Michael M. ,Ayse Kudat(eds),1997:21-31.

[76] Eyben,Rosalind. The Role of Social Assessments in Effective Development Planning[M]. London: DFID,1998.

[77] Barnch K,et al. Guide to Social Assessment: A Framework for Assessing Social Change [M]. London:Westview Press,1984.

[78] Marsden, David,Peter Oakley. Evaluating Social Development Project[M]. Oxford: Oxfalll,1990.

[79] Irvin G. Modern Cost-benefit Methods[M]. New York:Barnes & Nobel,1978:56-99.

[80] Pearce D. Cost-Benefit Analysis[M]. Macmillan,1983.

[81] Deepak Lal. Methods of project Analysis[M]. Baltimore M D: Johns Hopkins University Press,1974.

[82] Barrow,C J. An Introduction to Social Impact Assessment[M]. London:Oxford University Press,2000.

[83] Becker,Henk. Social Impact Assessment: Method and Experience in Europe,North and the Developing World[M]. London: UCL Press,1997.

[84] Eleanor C. Expanding GAO's Capability in Program Evaluation. GAOJOURAL,1990,12 (3):21-26.

[85] LTNDP. Guidelines for Evaluators[M]. New York:United Nations Development Program,

1993.

[86] Shaohua Chen, Martin Ravallion. Hidden Impact? Ex-Post Evaluation of an Anti-Poverty Program[R]. Washington DC:Development Research Group World Bank,2003.

[87] Ulf Wiberg, Bruno Jansson,Linda Landmark. Ex-post Evaluation of Objective 6 Program- for the Period 1995-1999 Country Report for Sweden[R]. Department of the Social and E- conomic Geography Umea University Sweden, December 2002: 103-112.

[88] U K. Department of Environment. Indicators of Sustainable Development for the United Kingdom[R]. London: HMSO. 1996:321-355.

[89] ODA. A Guide to ODA Evaluation System. Overseas Development Administration London [M]. London:ODA,1994.

[90] ODA. Appraisal of Projects in Developing Countries—A Guide for Economists[M]. Lon- don:ODA,1993.

[91] ODA. Evaluation Department: Administrative Guidelines and Procedures ODA[M]. Lon- don:ODA, 1990.

[92] Casley D,Kumar K. Project Monitoring and Evaluation in Agriculture[M]. Washington: The World Bank/John Hopkins University Press, 1987.

[93] The World Bank. Performance Monitoring Indicators—a handbook for task managers[M]. Washington:The World Bank 1996: 117-156.

[94] 钟姗姗. 水利工程社会评价模型研究[D]. 长沙:长沙理工大学,2006.

[95] 杜瑛. 社会学范式的大坝项目社会评价研究[D]. 南京:河海大学,2007.

[96] 陈伟华. 基于可持续发展观的工程项目全过程社会评价研究[D]. 天津: 河北工业 大学,2006.

[97] 许明丽,方天垄. 水库社会评价的模糊综合评价与层次分析法和德尔菲法耦合方法 [J]. 吉林农业大学学报,2007,29(2):229-232.

[98] 龙腾飞,施国庆. 城市生活污水处理项目社会评价研究[J]. 河海大学学报:哲学社 会科学版,2008,10(1):43-47.

[99] 许明丽,谷世艳. 水利建设项目社会评价方法初探[J]. 安徽农业科学,2007,35 (7):2143-2144.

[100] 张宝娟. 水利工程项目后评价研究[D]. 沈阳:沈阳工业大学,2006.

[101] 于陶. 水利建设项目持续性后评价研究[D]. 南京:河海大学,2007.

[102] 张君伟. 水利水电工程移民安置项目后评价研究[D]. 南京:河海大学,2006.

[103] 詹敏利,陈驰. 多变量综合评价法在水利工程后评价中的应用[J]. 人民长江, 2009,40(19): 100-105.

[104] 苏学灵,纪昌明,黄小峰. 基于投影寻踪的水利工程后评价模型[J]. 水力发电, 2009,35 (3): 95-97.

[105] 陈岩,郑垂勇. 水利建设项目后评机制研究[J]. 节水灌溉,2007(5): 74-77.

[106] 陈岩,周晓平. 水利建设项目后评价成果的管理与反馈机制研究[J]. 科技进步与对策,2007,24(4):140-143.

[107] 杨春红. 我国农业节水项目社会效果后评价保障机制研究[J]. 安徽农业科学, 2008,36(19):8334-8335.

[108] Carl Mitcham. The Importance of Philosphy to Engineering[J]. Tecnos,1998(17).

[109] Carl Mitcham. Engineering as Productive Activity:Philosophical Remarks[J]. Research in Technoligy Studies,1991(10).

[110] 殷瑞钰,汪应洛,李伯聪,等. 工程哲学[M]. 北京:高等教育出版社,2007.

[111] 李伯聪. 工程哲学引论[M]. 郑州:大象出版社,2002.

[112] Vincenti Walter. What Engineers Know and How They Know It[M]. The Johns Hopkins Press,1990:16-50.

[113] C Pitt. Design Mistakes[J]. Research in the Empirical Turnin Philosophy of Technology, Research in Philosophy and Technology,Amsterdam:Elsevier,2001(20).

[114] 胡孟春. 工程生态学[M]. 北京:中国环境科学出版社,2008.

[115] Louis Bucciarelli. Designing Engineers[M]. Cambridge,MA:MIT Press,1994.

[116] B V Koen. Definition of the Engineering Method[M]. Washington D C:American Society for Engineerin Education,1985.

[117] Edwin T Layton. A Historical Definition of Engineering[J]. Research in Technology Studies,1991(4).

[118] 刘洪波,丰景春. 水资源工程哲学的理论框架研究[J]. 学术论坛,2008(2):133-136.

[119] 夏维力,陈俊. 非线性社会决策系统方法论本质的思考[J]. 科学研究,1992(2):61-64.

[120] 刘洪波. 水资源工程社会责任评价方法研究[J]. 人民黄河,2009(1):49-50.

[121] 方秋明. 论技术责任及其落实[J]. 科技进步与对策,2007,24(5):47-48.

[122] 张秀华. 工程共同体的本性[J]. 自然辩证法通讯,2008(6):43-47.

[123] 丰景春,刘洪波. 工程社会责任主体结构的研究[J]. 科技管理研究,2008(12):269-271.

[124] 陈万求. 试论工程良心[J]. 科学技术与辩证法,2005(6):74-76.

[125] 刘洪波,丰景春. 企业社会责任与和谐社会构建[J]. 特区经济,2007(7):106-107.

[126] 刘洪波. 水资源工程社会责任与构建和谐社会[J]. 经济与社会发展,2009(3):70-72.

[127] 刘洪波. 水资源工程共同体社会责任探析[J]. 中国农村水利水电,2009(8):63-66.

[128] 蒋惠琴. 环境非政府组织:公众参与环境保护的有效形式[J]. 学会,2008(10):16-20.

[129] 张扬. 工程中的技术集成研究[D]. 长沙:湖南大学,2007.

[130] 王大洲. 试论工程创新的一般性质[J]. 科学中国人,2006(5):31-36.

[131] 刘冠美. 水工美学设计中的景观创意[J]. 四川水利,2003(6):50-52.

[132] 许良英,赵中立,张宣二. 爱因斯坦文集(第3卷)[M]. 北京:商务印书馆,1979.

[133] R·舍普,等. 技术帝国[M]. 北京:三联书店,1999.

[134] 黄海艳,李振跃. 公众参与基础设施项目的影响因素分析[J]. 科技管理研究,2006 (12):247-249.

[135] 肖峰. 从魁北克大桥垮塌的文化成因看工程文化的价值[J]. 自然辩证法通讯, 2006,28(5):12-19.

[136] 李伯聪. 工程共同体中的工人[J]. 自然辩证法通讯,2005,27(2):64-70.

[137] 刘洪波. 水资源工程社会责任评价指标体系构建[J]. 安徽农业科学,2009(23): 11276-11278.

[138] 李柏年. 模糊数学及其应用[M]. 合肥:合肥工业大学出版社,2007.